偏微分方程式の数値解析

偏微分方程式の数値解析

田端正久 著

岩波書店

まえがき

本書は偏微分方程式の数値解析の入門書である．偏微分方程式の代表的な数値解法である差分法，有限要素法，境界要素法の手法を説明し，その数学的基礎理論を，初歩から始めて収束証明に至るまで解説する．偏微分方程式は難しいと思い込んでいる人がいるかもしれないが，大学1, 2年度で習うレベルの線形代数と微分積分の知識があれば読み進めることができるように努めた．本書の途中でいくつかの関数解析の基礎的な結果を使うが，それらの事項は章の始めに簡潔に述べてあり，他の書物を見る必要がないように配慮した．偏微分方程式や関数解析の知識が全くなくても，むしろ本書をとおして，それらに慣れ親しんでもらえば良いし，興味が湧けばその後にそれぞれの分野の専門書を繙けば，一層理解が増すに違いない．「実際の偏微分方程式の数値解法は，微分積分を使わずに多数回の加減乗除で解く．」どうしてそんなことができるのか，結果は正しいのか．本書はその答えを与える．その中に横たわる理論的背景を理解することは，より良い数値計算法を開発するに際して，アイデアと方法を生み出す原動力になる．

岩波講座「応用数学」の一分冊として1994年に刊行された「微分方程式の数値解法 II」は偏微分方程式の数値解析を初歩から解説した．本書はこの本に新たな章を加えて，単行本として出版するものである．従来の，「差分法」，「有限要素法」，「境界要素法」に加え，重要な話題であるが紙数の都合で書くことができなかった鞍点型変分原理とそれに基づく混合型有限要素近似を，第4章「混合型有限要素近似」として書き加えた．鞍点型変分問題は拘束条件付き最小化問題など幅広い問題に適用できる枠組みである．そこでは複数の空間が使われ，有限要素近似において，それらの空間を如何に選択するか，すなわち，下限上限条件と呼ばれる条件を満たす空間の組を定めることが収束性を保証する数値計算法作成の要点となる．適切な空間の組を選択するという課題は，最小型変分問題では生じない．遅い流れを解く Stokes 問題は鞍点型変分問題の代

表的な例であり，その問題について混合型有限要素法の解の収束性が示される．

自然界に現れる非常に多くの現象は微分方程式を使って表現される．構造物の応力を求める問題，流体の動きを求める問題，電磁場を求める問題，これらは典型的な代表例である．いま挙げた方程式はすべて偏微分方程式である．我々の生きている世界が3次元空間であり，時間と合わせて4つの独立変数があるので偏微分方程式が自然に導かれる．このようにして，偏微分方程式を解くことが自然科学の各分野で要請される．

しかし，偏微分方程式を解析的に解くことは，線形偏微分方程式でも，特別な場合を除いてほとんど不可能である．2階線形偏微分方程式であるPoisson方程式を円領域で考えるとBessel関数の重ね合わせで解を解析的に表現することができる．領域が少しいびつになれば，もはや，この簡単な方程式でも解析的に解を求めることはできない．現実に現れる領域形状が円や長方形であることはまれで，建築物や自動車のように，複雑な形状をしている．方程式が非線形になれば解の重ね合わせの手法も使えず，解析的に解くことはますます絶望的になる．

そこで，計算機を用いて数値的方法で偏微分方程式を解くことが現代の手法である．計算機は基本的には加減乗除の演算しかできない．そのために，元の偏微分方程式を離散化しなければならない．差分法，有限要素法，境界要素法はその代表的な離散化手法である．

偏微分方程式はもともと独立変数が連続的に変化するという意味で連続問題である．それを離散問題に変形して解くのであるから，計算機で得られる解は偏微分方程式の厳密解ではなく近似解である．有限要素法なら要素サイズを小さくすることに対応することであるが，離散化の度合いを増したときに，その近似解が厳密解に収束することを示すことが非常に重要なことである．逆にいえば，そのことが示せるような離散方程式を導かなければならない．

現代の計算機はひと昔前に比べて驚くほど，高速で大容量の記憶領域が使えるようになっているが，偏微分方程式の数値計算では，高速性，大容量への要求は際限がない．連続問題を解くことを目標にしていることから，永遠の宿命といえるだろう．しかし，与えられた計算機環境の中で効率的に精度の良い解を得ることはいつでも，大事なことである．この目的のためには，良い離散方

程式を導くことと同時に，得られた離散方程式からその解を高速に計算する良いアルゴリズムを使うことが必要となる．本書では，連立一次方程式の効率的な解法等のアルゴリズムの詳細を論じるスペースはないが，そのような効率的解法が使えるような離散方程式を導出することが望まれる．

　はじめに述べたように，偏微分方程式の数値計算の要請は学問的にも社会的にも非常に大きい．スーパーコンピュータの出現も偏微分方程式の数値計算のためであるといっても過言でない．偏微分方程式の数値解析の理論は，偏微分方程式論，関数解析，近似理論等の発展と，かつ計算機の能力の急激な進歩に刺激されて，近年急速に進歩してきている．また，その実用計算への貢献も大きい．しかし，数値解析理論の進歩以上の計算要求があり，数値計算が先行しその計算結果の正当性が十分に検討されていない場合も少なからずある．この分野の研究は計算機の進歩につれて今後一層必要となる．多くの若い力が加わって，横たわっている未解決の問題が一つ一つ解決されていくことを期待している．本書がそのための刺激となれば，著者の喜びとするところである．

　2010 年 11 月

田　端　正　久

目次

まえがき

第1章 差分法 … 1
- §1.1 Poisson 方程式 … 1
  - (a) 連続問題 … 1
  - (b) 離散問題 … 2
  - (c) 収束性 … 4
- §1.2 熱方程式と von Neumann の条件 … 10
  - (a) 熱方程式と差分スキーム … 10
  - (b) von Neumann の条件 … 12
  - (c) 安定性 … 15
  - (d) 適合性と収束性 … 17
- §1.3 最大値の原理 … 22
  - (a) Laplace 方程式の最大値の原理 … 22
  - (b) 熱方程式の最大値の原理 … 24
  - (c) 最大値ノルムでの誤差評価 … 27
- 演習問題 … 29

第2章 有限要素法 … 33
- §2.1 準備 … 33
  - (a) 関数解析の基礎事項 … 33
  - (b) Sobolev 空間 … 35
  - (c) 境界へのトレース … 37
  - (d) 埋蔵定理とコンパクト性定理 … 40

- §2.2 Poisson 方程式 ········· 42
  - (a) 弱形式 ············ 42
  - (b) 有限要素近似 ········ 44
- §2.3 最小型変分原理 ········· 46
  - (a) 変分問題 ··········· 46
  - (b) 最小型変分原理 ······· 50
  - (c) Ritz-Galerkin 法 ······ 51
  - (d) Céa の補題 ········· 54
- §2.4 誤差評価 ············ 55
  - (a) 正則分割列 ·········· 55
  - (b) アフィン同等要素分割 ··· 56
  - (c) 補間誤差評価 ········ 60
  - (d) 有限要素解の誤差評価 ··· 64
  - (e) Aubin-Nitsche のトリック · 65
- §2.5 放物型問題 ··········· 67
  - (a) 抽象的放物型問題 ····· 67
  - (b) θ 法の安定性 ········ 70
  - (c) 誤差評価 ··········· 75
  - (d) 熱方程式の有限要素近似 · 78
  - (e) 集中質量近似 ········ 85
- 演習問題 ················ 91

第3章 境界要素法 ············ 95
- §3.1 境界要素法の構成 ······· 95
  - (a) 基本解 ············ 95
  - (b) 境界積分方程式 ······· 97
- §3.2 内部・外部 Dirichlet 問題 ··· 101
  - (a) 解の構成と一意性 ····· 101
  - (b) 境界要素解の誤差評価 ·· 107
- 演習問題 ················ 110

第4章　混合型有限要素近似 ・・・・・・・・・・ 111
　§4.1　関数解析の追加事項 ・・・・・・・・・・ 111
　§4.2　鞍点型変分原理 ・・・・・・・・・・・ 113
　　(a)　下限上限条件 ・・・・・・・・・・・・ 113
　　(b)　変分問題 ・・・・・・・・・・・・・・ 116
　　(c)　鞍点型変分原理 ・・・・・・・・・・・ 117
　　(d)　Stokes 方程式 ・・・・・・・・・・・・ 119
　§4.3　混合型有限要素近似 ・・・・・・・・・ 122
　　(a)　誤差評価 ・・・・・・・・・・・・・・ 122
　　(b)　Stokes 方程式の有限要素近似 ・・・・・ 125
　演習問題 ・・・・・・・・・・・・・・・・・ 127

付録 ・・・・・・・・・・・・・・・・・・・ 129
　§A.1　有限要素の例 ・・・・・・・・・・・・ 129
　　(a)　四角形要素 ・・・・・・・・・・・・・ 129
　　(b)　Hermite 要素 ・・・・・・・・・・・・ 129
　§A.2　数値計算の具体例 ・・・・・・・・・・ 130
　　(a)　翼周りのポテンシャル流れ ・・・・・・ 130
　　(b)　円柱周りの流れ ・・・・・・・・・・・ 132

参考書 ・・・・・・・・・・・・・・・・・・ 135
演習問題解答 ・・・・・・・・・・・・・・・ 139
索引 ・・・・・・・・・・・・・・・・・・・ 143

第1章
差分法

この章では**差分法** (finite difference method=FDM) について解説する．差分法は微分をその極限を取る前の差分で置き換えることにより，離散方程式を得る手法である．素朴なアイデアの古典的な方法である．グリッドジェネレーション[*1]の方法を取り入れて，今日でも流体問題関連で比較的良く使われている．

§1.1　Poisson 方程式

(a)　連続問題

Ω を平面上の有界領域，その境界 $\Gamma (= \partial \Omega)$ は区分的に滑らかであるとする．Ω で定義された関数 $f = f(x, y)$ が与えられたときに，

$$-\Delta u = f \qquad ((x,y) \in \Omega) \tag{1.1}$$
$$u = 0 \qquad ((x,y) \in \Gamma) \tag{1.2}$$

を満たす Ω で定義された関数 $u = u(x, y)$ を求める問題を考える．ここに，

$$\Delta = \frac{\partial^2}{\partial x^2} + \frac{\partial^2}{\partial y^2}$$

であり，この作用素を **Laplace 作用素** という．偏微分方程式 (1.1) を **Poisson 方程式** という．作用素 L を

$$L = -\Delta$$

[*1] §A.2 を参照．

とおけば，(1.1) は簡単に
$$Lu = f \tag{1.3}$$
と書ける．

領域の内部では偏微分方程式 (1.1) を満たし，境界で境界条件 (1.2) を満たす関数を求めることが与えられた問題である．この問題 (1.1), (1.2) はいろいろな現象を記述する．例えば，

- 膜の釣合問題

  Γ で表される枠に張った膜が外力 f と釣り合いの状態にあるとき，膜に垂直な方向の変位 u を求める

- 流体問題

  断面が Ω である一様な管の両端に圧力差 f があるとき，管の中を流れる流体の Ω に垂直な方向の流速成分 u を求める

- 伝熱問題

  領域 Ω に熱源 f が分布しており境界 Γ で温度零であるとき，領域内の温度 u を求める

などである．

未知関数 u は独立変数 (x,y) の関数である．(x,y) は Ω とその周 Γ の任意の点を連続的に変わり得る．この意味で，問題 (1.1), (1.2) は**連続問題**であるという．第 2 章で示すように，問題 (1.1), (1.2) は f に対する緩やかな仮定の下で一意可解である．

(b) **離散問題**

Poisson 方程式を**差分法**で解いてみよう．まず，領域 Ω を**格子間隔** $h(>0)$ の格子
$$x = ih, \quad y = jh \qquad (i,j \in \mathbf{Z})$$
で覆う．x 軸，y 軸に平行な直線の交点 (ih, jh) を**格子点**といい，
$$P_{i,j} = (ih, jh)$$
で表現する．格子点集合 Ω_h を
$$\Omega_h = \{P_{i,j} \in \Omega; \ i,j \in \mathbf{Z}\} \tag{1.4}$$
で定義する．格子点 $P_{i,j}$ が与えられたとき，4 点 $P_{i\pm 1,j}, P_{i,j\pm 1}$ を隣接点とい

う. 格子点集合 Γ_h を
$$\Gamma_h = \{P_{i,j} \notin \Omega_h; \ i,j \in \mathbf{Z}, \ 少なくとも1つの隣接点が\Omega_hに属す \} \quad (1.5)$$
とする. 差分法では, 格子点集合 $\Omega_h \cup \Gamma_h$ 上でのみ定義された関数 u_h を考える (図 1.1).

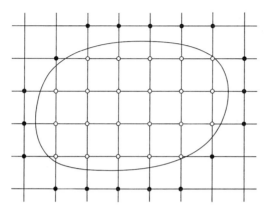

図 1.1 格子点集合 $\Omega_h : \circ, \ \Gamma_h : \bullet$

差分作用素 L_h を
$$(L_h v)(P_{i,j}) = \frac{-v_{i+1,j} - v_{i-1,j} - v_{i,j+1} - v_{i,j-1} + 4v_{i,j}}{h^2} \quad (P_{i,j} \in \Omega_h) \quad (1.6)$$
で定義する. ここに,
$$v_{i,j} = v(P_{i,j})$$
と略記した. 連続問題 (1.1), (1.2) を
$$(L_h u_h)(P_{i,j}) = f(P_{i,j}) \quad (P_{i,j} \in \Omega_h) \quad (1.7)$$
$$u_h(P_{i,j}) = 0 \quad (P_{i,j} \in \Gamma_h) \quad (1.8)$$
で置き換える. これを**離散問題**という. 求めるべき未知関数 u_h が離散個の点でのみ定義されているからである. 偏微分方程式 (1.1) に対応して (1.7) を**差分方程式**という.

格子点集合 Ω_h の要素数を N とし, その要素 $P_{i,j}$ に一連の番号 $1, \cdots, N$ をつける. 問題 (1.7), (1.8) は未知数 $u_h(P_{i,j})$ に関する N 元連立一次方程式に帰着する. その係数行列 A は対称, 対角成分は正であり

$$a_{k,k} \geqq \sum_{k \neq \ell} |a_{k,\ell}| \quad (\ell = 1, \cdots, N)$$

であるので,次に述べる **Gerschgorin の定理**により固有値は非負である.後で補題 1.3 で示すように A は正則なので固有値はすべて正であり,A は正定値行列である.さらに,行列 A は疎である.実際,A の各行の非零要素は高々 5 個である.格子点幅 h を小さくすると N は $O(h^{-2})$ で大きくなるが,上に述べた性質は変わらないので,これらの特長を生かした連立一次方程式の解法,例えば SOR 法等,を使うことができる.

定理 1.1 (Gerschgorin の定理[*2]) $A = [a_{ij}]$ を $N \times N$ 複素行列とする.そのとき,A のすべての固有値は円板集合

$$\bigcup_{i=1}^{N} B(a_{ii}; r_i)$$

に含まれる.ここに,

$$r_i = \sum_{j=1,\ j \neq i}^{N} |a_{ij}|$$

であり,$B(a; r)$ は中心 a,半径 r の複素平面上の閉円板

$$B(a; r) = \{z \in \mathbf{C};\ |z - a| \leqq r\}$$

である. □

(c) 収束性

差分法により離散化された問題 (1.7), (1.8) の解が連続問題の解に格子間隔 h を零に近づけたとき収束することを示そう.

閉集合 K は Ω を含み,かつ,すべての $h(<1)$ に対して $\Omega_h \cup \Gamma_h$ を含んでいるとする.領域 K で k 回連続的微分可能な関数の全体を $C^k(K)$ とする.v を $C^k(K)$ に属している関数とするとき,

$$M_k(v; K) = \begin{cases} M_{0,0}(v; K) & (k = 0) \\ M_{k,0}(v; K) + M_{0,k}(v; K) & (k \geqq 1) \end{cases}$$

とおく.ここに,

[*2] 例えば,杉原正顯,室田一雄 [4],第 7 章,参照.

§1.1 Poisson 方程式

$$M_{\ell,m}(v;K) = \max\left\{ \left|\frac{\partial^{\ell+m} v}{\partial x^\ell \partial y^m}(x,y)\right|;\ (x,y) \in K \right\}$$

である.

補題 1.1 $k=1,2$ とし，v を $C^{k+2}(K)$ の関数とする．そのとき，

$$\max\{|(L_h v - L v)(P_{i,j})|;\ P_{i,j} \in \Omega_h\} \leqq \frac{2h^k}{(k+2)!} M_{k+2}(v;K) \quad (1.9)$$

が成立する.

［証明］ $k=2$ とする．v を $P_{i,j}=(x,y)$ で Taylor 展開すると

$$v(x+h,y) = v(x,y) + h\frac{\partial v}{\partial x}(x,y) + \frac{h^2}{2!}\frac{\partial^2 v}{\partial x^2}(x,y) + \frac{h^3}{3!}\frac{\partial^3 v}{\partial x^3}(x,y)$$
$$+ \frac{h^4}{4!}\frac{\partial^4 v}{\partial x^4}(x+\theta h,y) \quad (1.10)$$

となる．ここに，$\theta \in (0,1)$ である．同様に $v(x-h,y)$ を展開して (1.10) と合わせると

$$\left|\frac{v(x+h,y)+v(x-h,y)-2v(x,y)}{h^2} - \frac{\partial^2 v}{\partial x^2}(x,y)\right| \leqq \frac{h^2}{12} M_{4,0}(v) \quad (1.11)$$

を得る．y 方向にも同様の展開をして (1.11) と合わせて (1.9) を得る．$k=1$ のときも同様である. ∎

補題 1.1により，差分作用素 L_h は微分作用素 L を近似していることがわかる．このとき，L_h は**適合性**の条件を満たしているともいう．

補題 1.2 格子点 $\Omega_h \cup \Gamma_h$ 上で定義された関数 v が

$$L_h v \geqq 0 \quad (P_{i,j} \in \Omega_h) \quad (1.12)$$
$$v \geqq 0 \quad (P_{i,j} \in \Gamma_h) \quad (1.13)$$

を満たしているなら

$$v \geqq 0 \quad (P_{i,j} \in \Omega_h \cup \Gamma_h)$$

である.

［証明］

$$\alpha = \min\{v_{i,j};\ P_{i,j} \in \Omega_h \cup \Gamma_h\}$$

とおく．$\alpha < 0$ と仮定する．最小値 α を達成する格子点を $P_{k,\ell}$ とすると，(1.13) から $P_{k,\ell} \in \Omega_h$ である．差分方程式 (1.7) と (1.12) を使って

$$\alpha = v_{k,\ell}$$
$$\geqq \frac{1}{4}(v_{k+1,\ell} + v_{k-1,\ell} + v_{k,\ell+1} + v_{k,\ell-1})$$
$$\geqq \frac{1}{4}(\alpha + \alpha + \alpha + \alpha)$$
$$= \alpha$$

が得られる．したがって，$P_{k,\ell}$ の 4 つの隣接点の値はすべて α に等しい．同じ議論を繰り返すと Γ_h 上のある点で $v = \alpha$ となるが，これは (1.13) に矛盾する．したがって，$\alpha \geqq 0$ である． ∎

境界条件 (1.8) を一般化した次の離散問題

$$(L_h u_h)(P_{i,j}) = f(P_{i,j}) \qquad (P_{i,j} \in \Omega_h) \tag{1.14}$$
$$u_h(P_{i,j}) = g(P_{i,j}) \qquad (P_{i,j} \in \Gamma_h) \tag{1.15}$$

を考える．ここに，f, g はそれぞれ与えられた Ω_h, Γ_h 上の格子点関数である．

補題 1.3 問題 (1.14), (1.15) の解 u_h は一意に存在し，

$$\max\{|u_h|;\ P_{i,j} \in \Omega_h \cup \Gamma_h\} \leqq$$
$$c \max\{\max\{|f|;\ P_{i,j} \in \Omega_h\}, \max\{|g|;\ P_{i,j} \in \Gamma_h\}\} \tag{1.16}$$

が成立する．ここに，c は f, g, h に依存しない正定数である．

［証明］問題 (1.14), (1.15) は連立一次方程式なので，一意可解性のためには，$f = g = 0$ なら $u_h = 0$ となることを示せば良い．$f = g = 0$ とする．補題 1.2 から，$u_h \geqq 0$ である．$-u_h$ に関する方程式を考えれば $-u_h \geqq 0$ となり，$u_h = 0$ が従う．関数

$$\phi(x, y) = a - \frac{1}{4}(x^2 + y^2)$$

を

$$\phi \geqq 1 \qquad (P_{i,j} \in \Gamma_h,\ 0 < h < 1)$$

となるように正定数 a を選び，定める．関数 ϕ は

$$L_h \phi = 1 \qquad (P_{i,j} \in \Omega_h)$$

の性質をもっている．格子点関数 v_h を

$$v_h = c_1 \phi - u_h$$

とおく．ここに，

$$c_1 = \max\{\max\{|f|;\ P_{i,j} \in \Omega_h\}, \max\{|g|;\ P_{i,j} \in \Gamma_h\}\}$$

である．ϕ, c_1 の選び方から Ω_h 上で
$$L_h v_h = c_1 L_h \phi - L_h u_h$$
$$= c_1 - f$$
$$\geqq 0$$
あり，Γ_h 上で
$$v_h = c_1 \phi - u_h$$
$$\geqq c_1 - g$$
$$\geqq 0$$
である．補題 1.2 により，$v_h \geqq 0$ となり，
$$u_h \leqq c_1 \phi$$
$$\leqq c_1 M_0(\phi)$$
が得られる．同様にして
$$v_h = c_1 \phi + u_h$$
から，
$$-u_h \leqq c_1 M_0(\phi)$$
が得られ，$c = M_0(\phi)$ とおけば (1.16) が成立する． ∎

補題 1.3 から，解 u_h はデータ f, g の定数倍で評価できることがわかる．このとき，離散問題 (1.14), (1.15) は**安定性**の条件を満たすという．適合性と安定性の条件が満たされれば**収束性**を示すことができる．

定理 1.2 連続問題 (1.1), (1.2) の解 u が $C^3(K)$ に属するなら
$$\max\{|u - u_h|;\ P_{i,j} \in \Omega_h \cup \Gamma_h\} \leqq ch \max\{M_3(u; K), M_1(u; K)\} \quad (1.17)$$
が成立する．また，$u \in C^4(\bar{\Omega})$ であり，$\Gamma_h \subset \Gamma$ なら
$$\max\{|u - u_h|;\ P_{i,j} \in \Omega_h \cup \Gamma_h\} \leqq ch^2 M_4(u; \bar{\Omega}) \quad (1.18)$$
が成立する．ここに，u_h は離散問題 (1.7), (1.8) の解であり，c は u, u_h, h に依存しない正定数である．

[証明] $u \in C^3(K)$ とする．$v_h = u - u_h$ とおく．補題 1.1 により Ω_h 上で
$$|L_h v_h| = |L_h u - f|$$
$$= |L_h u - Lu|$$
$$\leqq \frac{1}{3} M_3(u) h$$

であり，Γ_h 上で
$$|v_h| \leqq M_1(u)h$$
である．ここで，Γ 上で $u=0$ であることを使った．補題 1.3 により，(1.17) が得られる．式 (1.18) の証明も同様である． ∎

例 1.1 領域 Ω が正方形のとき，一辺を等分割した格子を使うと，$\Gamma_h \subset \Gamma$ とすることができる．今まで，簡単のために x 方向，y 方向の格子間隔を h に等しいとしてきたが，それらを h_x, h_y とおいて，$h_x \neq h_y$ の場合に一般化することができる．例えば (1.6) は
$$(L_h v)(P_{i,j}) = \frac{-v_{i+1,j} - v_{i-1,j} + 2v_{i,j}}{h_x^2} + \frac{-v_{i,j+1} - v_{i,j-1} + 2v_{i,j}}{h_y^2}$$
となる．このようにすると，任意の長方形領域で $\Gamma_h \subset \Gamma$ とすることができる． □

定理で示したのは格子点上での評価だった．u_h を補間した関数に対しては $\bar{\Omega}$ での評価を得ることができる．**双一次補間**を考える．格子点関数 u_h の双一次補間関数 $\Pi_h u_h$ は

$$\begin{aligned}(\Pi_h u_h)(x,y) &= u_h(P_{i,j})\left(i+1-\frac{x}{h}\right)\left(j+1-\frac{y}{h}\right) + u_h(P_{i+1,j})\left(\frac{x}{h}-i\right)\left(j+1-\frac{y}{h}\right) \\ &\quad + u_h(P_{i,j+1})\left(i+1-\frac{x}{h}\right)\left(\frac{y}{h}-j\right) + u_h(P_{i+1,j+1})\left(\frac{x}{h}-i\right)\left(\frac{y}{h}-j\right) \\ &\qquad (ih \leqq x \leqq (i+1)h,\ jh \leqq y \leqq (j+1)h) \quad (1.19)\end{aligned}$$

で定義される．明らかに，$\Pi_h u_h \in C(\bar{\Omega})$ である．この補間の性質を調べるために，$C([0,1] \times [0,1])$ の関数 $v(\xi, \eta)$ に対して，双一次補間
$$\begin{aligned}(\Pi v)(\xi, \eta) &= v(0,0)(1-\xi)(1-\eta) \\ &\quad + v(1,0)\xi(1-\eta) + v(0,1)(1-\xi)\eta + v(1,1)\xi\eta\end{aligned}$$
を考える．

補題 1.4 $v \in C^2([0,1] \times [0,1])$ なら，
$$\max\{|\Pi v - v|;\ (x,y) \in [0,1] \times [0,1]\} \leqq \frac{1}{8} M_2(v; [0,1] \times [0,1]) \quad (1.20)$$
である．

[証明]
$$\Pi 1 = 1 \tag{1.21}$$

なので,
$$\begin{aligned}(\Pi v - v)(\xi,\eta) &= \{v(0,0) - v(\xi,\eta)\}(1-\xi)(1-\eta) \\&\quad + \{v(1,0) - v(\xi,\eta)\}\xi(1-\eta) + \{v(0,1) - v(\xi,\eta)\}(1-\xi)\eta \\&\quad + \{v(1,1) - v(\xi,\eta)\}\xi\eta\end{aligned}$$

である. 右辺第1項は
$$(1-\xi)(1-\eta)\int_0^1 \left\{-\xi\frac{\partial v}{\partial \xi}(-\xi s+\xi,-\eta s+\eta) - \eta\frac{\partial v}{\partial \eta}(-\xi s+\xi,-\eta s+\eta)\right\}\mathrm{d}s$$

と書ける. 第2項も同様な変形をして $\partial v/\partial\xi$ に関する積分項をまとめると
$$\xi(1-\xi)(1-\eta)\int_0^1 \left\{\frac{\partial v}{\partial \xi}((1-\xi)s+\xi,-\eta s+\eta) - \frac{\partial v}{\partial \xi}(-\xi s+\xi,-\eta s+\eta)\right\}\mathrm{d}s$$
$$= \xi(1-\xi)(1-\eta)\int_0^1 s\,\mathrm{d}s\int_0^1 \frac{\partial^2 v}{\partial \xi^2}((t-\xi)s+\xi,-\eta s+\eta)\mathrm{d}t$$
$$\leqq \frac{1}{8}(1-\eta)M_{2,0}(v)$$

となる. 他の項も同様に評価して (1.20) が得られる. ∎

系 1.1 定理1.2のそれぞれの条件下で
$$\max\{|u - \Pi_h u_h|;\ (x,y) \in \bar{\Omega}\} \leqq ch\{\max\{M_3(u;K),M_1(u;K)\} \\ + hM_2(u;K)\} \tag{1.22}$$
$$\max\{|u - \Pi_h u_h|;\ (x,y) \in \bar{\Omega}\} \leqq ch^2\{M_4(u;\bar{\Omega}) + M_2(u;\bar{\Omega})\} \tag{1.23}$$

が成立する.

[証明]
$$|u - \Pi_h u_h| \leqq |u - \Pi_h u| + |\Pi_h(u - u_h)|$$

の第2項は定理1.2により, (1.17), (1.18) と評価できる. 第1項の評価には補題1.4を使う.
$$v(\xi,\eta) = u(ih+\xi h, jh+\eta h)$$

とおくと, $[ih,(i+1)h] \times [jh,(j+1)h]$ で $\Pi_h u = \Pi v$ である.
$$M_2(v) = h^2 M_2(u)$$

なので (1.22), (1.23) が得られる. ∎

§1.2 熱方程式と von Neumann の条件

(a) 熱方程式と差分スキーム

前節で Poisson 方程式 (1.1) を考えた．この方程式で記述される現象の一つは伝熱問題であった．その温度変化が時間に依存するときは**熱方程式**が現れる．

空間は 1 次元で $I = [0,1]$ とし，時間を表す独立変数を t とする．時空領域を

$$Q_T = \{(x,t);\ 0 < x < 1,\ 0 < t < T\}$$

とする．ここに，T は正定数である．そのとき，未知関数 $u = u(x,t)$ に関する熱方程式は

$$\frac{\partial u}{\partial t} = \frac{\partial^2 u}{\partial x^2} + f \qquad ((x,t) \in Q_T) \tag{1.24}$$

である．ここに，f は与えられた関数である．式 (1.24) を**初期条件**

$$u = a \qquad (0 < x < 1,\ t = 0) \tag{1.25}$$

と**境界条件**の下で解くことを**初期値境界値問題**を解くという．a は与えられた関数である．境界条件としては

$$u(0,t) = 0, \quad \frac{\partial u}{\partial x}(1,t) = 0 \qquad (0 < t < T) \tag{1.26}$$

を考えることにしよう．g_0, g_1 を与えられた関数として，非斉次境界条件

$$u(0,t) = g_0(t), \quad \frac{\partial u}{\partial x}(1,t) = g_1(t) \qquad (0 < t < T)$$

のときは

$$v(x,t) = u(x,t) - \{g_0(t) + x g_1(t)\}$$

と変換すれば (1.26) に帰着される．

区間 $[0,1]$ を N 等分して，空間刻みを $h = 1/N$ とおく．時間刻みとして正定数 τ を定める．場所 $x = x_j = jh\,(0 \leqq j \leqq N)$，時間 $t = n\tau\,(0 \leqq n \leqq [T/\tau] = N_T)$ での u の値を u_j^n と略記する．差分作用素 D_τ, L_h を

$$D_\tau u_j^n = \frac{u_j^{n+1} - u_j^n}{\tau},$$

§1.2 熱方程式と von Neumann の条件

$$L_h u_j^n = \frac{-u_{j-1}^n + 2u_j^n - u_{j+1}^n}{h^2}$$

とおく．$\theta \in [0,1]$ を定める．$n = 0, \cdots, N_T - 1$, $j = 1, \cdots, N$ について，スキーム

$$D_\tau u_j^n = -L_h u_j^{n+\theta} + f_j^{n+\theta} \tag{1.27}$$

を考える．ここに

$$u_j^{n+\theta} = \theta u_j^{n+1} + (1-\theta) u_j^n, \quad f_j^{n+\theta} = \theta f_j^{n+1} + (1-\theta) f_j^n$$

である．この方法を**θ法** (θ–method) という．$\theta = 0$ のとき，**前進 Euler 法** (forward Euler method)，$\theta = 1/2$ のとき，**Crank-Nicolson 法** (Crank-Nicolson method)，$\theta = 1$ のとき，**後退 Euler 法** (backward Euler method) という．

このスキームに現れる u_0^n と u_{N+1}^n の値は境界条件 (1.26) から

$$u_0^n = 0 \qquad (n = 0, \cdots, N_T) \tag{1.28}$$
$$u_{N+1}^n = u_{N-1}^n \qquad (n = 0, \cdots, N_T) \tag{1.29}$$

とおく．初期条件 (1.25) から

$$u_j^0 = a_j \qquad (j = 0, \cdots, N) \tag{1.30}$$

とする．ここに，

$$a_j = a(jh), \quad f_j^n = f(jh, n\tau)$$

である．

N ベクトル $\boldsymbol{u}^n, \boldsymbol{f}^n, \boldsymbol{a}$ を

$$\boldsymbol{u}^n = [u_1^n, \cdots, u_N^n]^\mathrm{T}, \quad \boldsymbol{f}^n = [f_1^n, \cdots, f_N^n]^\mathrm{T}, \quad \boldsymbol{a} = [a_1, \cdots, a_N]^\mathrm{T}$$

とおく．(1.28), (1.29) を使って u_0^n, u_{N+1}^n を消去すると，(1.27) は
$(I + \theta \tau A) \boldsymbol{u}^{n+1} = \{I - (1-\theta) \tau A\} \boldsymbol{u}^n + \tau \{\theta \boldsymbol{f}^{n+1} + (1-\theta) \boldsymbol{f}^n\}, \quad (n = 0, \cdots, N_T - 1)$
と書ける．初期条件は

$$\boldsymbol{u}^0 = \boldsymbol{a} \tag{1.31}$$

である．ここに，I は $N \times N$ 単位行列，$A = (a_{k\ell})$ は

$$a_{k\ell} = \begin{cases} \dfrac{2}{h^2} & (k = \ell = 1, \cdots, N) \\ -\dfrac{1}{h^2} & (\ell = k+1 = 2, \cdots, N,\ k = \ell+1 = 2, \cdots, N-1) \\ -\dfrac{2}{h^2} & (k = \ell+1 = N) \\ 0 & (その他) \end{cases} \quad (1.32)$$

なる $N \times N$ 行列である．したがって，$\boldsymbol{u}^n$ から $\boldsymbol{u}^{n+1}$ を求める際に，前進 Euler 法では逐次求めることができるが，後退 Euler 法，Crank-Nicolson 法では連立一次方程式を解かなければならない．この意味で前者を陽スキーム，後の二つを陰スキームという．図 1.2 は，それぞれのスキームで関連する u_j^n の格子点位置を示している．○は未知量であり，●は既知量である．

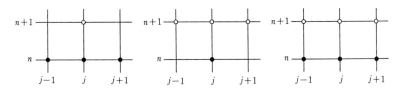

図 1.2 前進 Euler 法 (左)，後退 Euler 法 (中)，Crank-Nicolson 法 (右)

(b) von Neumann の条件

T を与えられた正定数，$\tau(<1)$ を時間刻みとする．$N_T = [T/\tau]$ とおく．$h = h(\tau)$ を空間刻みとする．ここに，

$$h(\tau) \downarrow 0 \quad (\tau \downarrow 0)$$

とする．$N(= \mathrm{O}(h^{-1}))$ を正整数とする．N 周期格子点関数 $v = (v_j), j \in \mathbf{Z}$，とは

$$v_{j+N} = v_j \quad (j \in \mathbf{Z})$$

を満たしているものをいう．そのノルムを

$$\|v\|_h = \left\{ \frac{1}{N} \sum_{j=0}^{N-1} |v_j|^2 \right\}^{1/2} \quad (1.33)$$

と定義する．差分作用素 $B_\ell(\tau),\ \ell = 0, 1$

§1.2 熱方程式と von Neumann の条件

$$B_\ell(\tau) = \sum_{m=-p_\ell}^{q_\ell} b_m^\ell(\tau) \mathcal{T}^m \tag{1.34}$$

を考える.ここに,p_ℓ, q_ℓ はある非負整数,$b_m^\ell(\tau)$ は係数であり,$\mathcal{T}$ は空間方向の**移動作用素**

$$\mathcal{T}^m v_j = v_{j+m}$$

である.$u = (u_j^n)$, $j \in \mathbf{Z}$, $n = 0, \cdots, N_T$ を格子点関数とし,j に関しては N 周期関数とする.u は差分方程式

$$B_1 u_j^{n+1} = B_0 u_j^n \qquad (j \in \mathbf{Z},\ n = 0, \cdots, N_T - 1) \tag{1.35}$$

を満たしており,(1.35) は u^{n+1} に関して可解であるとする.u は初期条件

$$u_j^0 = a_j \qquad (j \in \mathbf{Z}) \tag{1.36}$$

を満たしている.ここに,a は与えられた N 周期格子点関数である.各 $k = 0, \cdots, N-1$ に対して,差分作用素 (1.34) から決まる

$$g(k;\tau) = \left\{ \sum_{m=-p_1}^{q_1} b_k^1(\tau) \exp\left(2\pi \mathrm{i} \frac{mk}{N}\right) \right\}^{-1} \sum_{m=-p_0}^{q_0} b_k^0(\tau) \exp\left(2\pi \mathrm{i} \frac{mk}{N}\right) \tag{1.37}$$

を**増幅係数**という.ここに,i は虚数単位である.

定義 1.1 正定数 c が存在して,任意の a と $\tau\,(<1)$ に対して

$$\|u^n\|_h \leqq c\|a\|_h \qquad (n = 0, \cdots, N_T) \tag{1.38}$$

が成立するとき,スキーム (1.35) は**安定**であるという. □

定理 1.3 スキーム (1.35) が安定であるための必要十分条件は,非負定数 c_0 が存在して

$$|g(k;\tau)| \leqq 1 + c_0 \tau \qquad (k \in \mathbf{Z},\ 0 < \tau < 1) \tag{1.39}$$

が成り立つことである.

[証明] まず (1.39) が成立しているとする.N 周期点列 u_j^n に離散 Fourier 変換[*3]を適用する.離散 Fourier 係数を

$$c_k^n = \frac{1}{N} \sum_{j=0}^{N-1} u_j^n \exp\left(-2\pi \mathrm{i} \frac{jk}{N}\right)$$

とおく.このとき,

[*3] 例えば,森正武,室田一雄,杉原正顕 [5],第 9 章,参照.

$$\sum_{j=0}^{N-1} |u_j^n|^2 = N \sum_{k=0}^{N-1} |c_k^n|^2$$

が成立しているので，ノルムの定義式 (1.33) から

$$||u^n||_h^2 = \sum_{k=0}^{N-1} |c_k^n|^2 \tag{1.40}$$

となる．(1.35) の両辺に $\exp\left(-2\pi \mathrm{i} \dfrac{jk}{N}\right)/N$ を掛けて j に関して 0 から $N-1$ まで和をとると

$$\left\{\sum_{m=-p_1}^{q_1} b_m^1(\tau) \exp\left(2\pi \mathrm{i} \frac{mk}{N}\right)\right\} c_k^{n+1} = \left\{\sum_{m=-p_0}^{q_0} b_m^0(\tau) \exp\left(2\pi \mathrm{i} \frac{mk}{N}\right)\right\} c_k^n$$

となり

$$c_k^{n+1} = g(k) c_k^n \tag{1.41}$$

が得られる．したがって，

$$|c_k^{n+1}| = |g(k) c_k^n|$$
$$\leqq (1 + c_0 \tau) |c_k^n|$$

である．(1.40) から

$$||u^n||_h^2 \leqq \sum_{k=0}^{N-1} (1 + c_0 \tau)^2 |c_k^{n-1}|^2$$
$$\vdots$$
$$\leqq \sum_{k=0}^{N-1} (1 + c_0 \tau)^{2n} |c_k^0|^2$$
$$\leqq \exp(2c_0 \tau n) ||a||_h^2$$
$$\leqq \exp(2c_0 T) ||a||_h^2$$

となり，(1.38) が示せた．

逆に，(1.38) が成立しているとする．(1.41) を使って

$$||u^n||_h^2 = \sum_{k=0}^{N-1} |g(k)|^2 |c_k^{n-1}|^2$$
$$\vdots$$
$$= \sum_{k=0}^{N-1} |g(k)|^{2n} |c_k^0|^2$$

§1.2 熱方程式と von Neumann の条件

となる．一方，仮定から

$$||u^n||_h^2 \leqq c^2||a||_h^2 = c^2\sum_{k=0}^{N-1}|c_k^0|^2$$

であり，$\tau \downarrow 0$ のとき $N \to +\infty$ なので任意の k について

$$|g(k)|^{2n} \leqq c^2 \qquad (n = 0, \cdots, N_T)$$

でなければならない．$n = N_T$ として

$$|g(k)| \leqq c^{1/N_T}$$
$$\leqq c^{\frac{\tau}{T-\tau}}$$
$$\leqq 1 + c_0\tau$$

がすべての $\tau < 1$ に対して成立するような非負定数 c_0 が存在する． ∎

初期値問題

$$\frac{\partial u}{\partial t} = \frac{\partial^2 u}{\partial x^2} \qquad (-\infty < x < +\infty,\ 0 < t < T)$$
$$u(x,0) = a(x) \qquad (-\infty < x < +\infty)$$

を差分法で解くような場合には，有限周期の格子点関数は現れない．そのとき，無限級数を計算する上の問題点はあるが，Fourier 変換を使って上記の議論をこの場合にも拡張することができる．

また，未知関数が p ベクトル値関数のときも同様な議論を展開することができる．このときは，$B_\ell, \ell = 0, 1$ は $p \times p$ 行列の差分作用素となり，$g(k; \tau)$ は $p \times p$ 行列となる．この行列を増幅行列という．その固有値を $\lambda_j(k; \tau), j = 1, \cdots, p$ とする．非負定数 c_0 が存在して

$$|\lambda_j(k;\tau)| \leqq 1 + c_0\tau \qquad (k \in \mathbf{Z},\ j = 1, \cdots, p,\ 0 < \tau < 1)$$

であるとき **von Neumann の条件**が成立するという．この条件は $p = 1$ のとき定理 1.3 で示したように安定性の必要十分条件であるが，$p > 1$ のときは必要条件であるが十分条件ではない[*4]．

(c) 安定性

スキーム (1.27) に戻る．関数 a, f はそれぞれ $[0,1]$, $[0,1] \times [0,T]$ で連続で

[*4] 例えば，山口昌哉，野木達夫 [3]，第 4 章，参照．

$$a(0) = 0, \quad f(0,t) = 0 \quad (0 \leqq t \leqq T) \tag{1.42}$$

を満たしているとする．このとき,

$$a_0 = 0, \quad f_0^n = 0 \quad (n = 0, \cdots, N_T) \tag{1.43}$$

となる．u_j^n を

$$u_j^n = \begin{cases} u_{2N-j}^n & (N+1 < j \leqq 2N) \\ -u_{-j}^n & (-2N \leqq j < 0) \end{cases}$$

とし，さらに周期 $4N$ の格子点関数に拡張して，それを改めて u_j^n と書く．この拡張は (1.29) に整合している．同様に, a_j, f_j^n についても j に関する $4N$ 周期格子点関数に拡張する．このようにすれば，(1.27) がすべての $j \in \mathbf{Z}, n = 0, \cdots, N_T - 1$ について成立することがわかる．

スキーム (1.27) の von Neumann の条件を調べてみよう．$f = 0$ のとき (1.27) を (1.35) に変形して

$$p_1 = q_1 = 1, \quad b_\pm^1(\tau) = -\frac{\theta\tau}{h^2}, \quad b_0^1(\tau) = 1 + \theta\frac{2\tau}{h^2},$$

$$p_0 = q_0 = 1, \quad b_\pm^0(\tau) = (1-\theta)\frac{\tau}{h^2}, \quad b_0^0(\tau) = 1 - (1-\theta)\frac{2\tau}{h^2}$$

となる．周期は $4N$ であることに注意して，増幅係数は

$$g(k) = \frac{1 - \dfrac{4(1-\theta)\tau}{h^2}\sin^2\dfrac{\pi k}{4N}}{1 + \dfrac{4\theta\tau}{h^2}\sin^2\dfrac{\pi k}{4N}} \tag{1.44}$$

となる．したがって，$\theta \in [0, 1/2)$ のとき,

$$\frac{\tau}{h^2} \leqq \frac{1}{2(1-2\theta)} \tag{1.45}$$

の条件の下で，$\theta \in [1/2, 1]$ のときは無条件に安定になることがわかる．(1.45) を**安定条件**といい，$\theta \in [0, 1/2)$ のときスキームは**条件付き安定**であるという．$\theta \in [1/2, 1]$ のとき，スキームは**無条件安定**であるという．

安定条件の下で，非斉次の f に対しても次の意味でスキームは安定である．

補題 1.5 u_j^n を (1.27)〜(1.30) の解とする．$\theta \in [0, 1/2)$ のときは安定条件 (1.45) を仮定する．そのとき，任意の τ に対して

$$||u^n||_h \leqq ||a||_h + \sqrt{n\tau}\left\{\tau(1-\theta)||f^0||_h^2 + \tau\sum_{k=1}^{n-1}||f^k||_h^2 + \tau\theta||f^n||_h^2\right\}^{1/2}$$
$$(n = 0, \cdots, N_T)$$

が成立する. ここに,

$$||u^n||_h = \left\{\frac{1}{N}\left(\frac{1}{2}|u_0^n|^2 + \sum_{j=1}^{N-1}|u_j^n|^2 + \frac{1}{2}|u_N^n|^2\right)\right\}^{1/2}$$

である.

[証明] u_j^n, f_j^n の離散 Fourier 係数を

$$c_k^n = \frac{1}{4N}\sum_{j=0}^{4N-1} u_j^n \exp\left(-2\pi\mathrm{i}\frac{jk}{4N}\right), \quad d_k^n = \frac{1}{4N}\sum_{j=0}^{4N-1} f_j^n \exp\left(-2\pi\mathrm{i}\frac{jk}{4N}\right)$$

とおく. (1.27) を離散 Fourier 変換して整理すると,

$$c_k^{n+1} = g(k)c_k^n + \tau\frac{\theta d_k^{n+1} + (1-\theta)d_k^n}{1 + \dfrac{4\theta\tau}{h^2}\sin^2\dfrac{\pi k}{4N}}$$

となる. 安定条件の下で, $|g(k)| \leqq 1$ なので

$$|c_k^{n+1}| \leqq |c_k^n| + \tau|\theta d_k^{n+1} + (1-\theta)d_k^n| \qquad (k = 0, \cdots, 4N-1)$$

が成立する. この式と $4N$ 周期性を考慮すれば,

$$||u^{n+1}||_h \leqq ||u^n||_h + \tau\{\theta||f^{n+1}||_h + (1-\theta)||f^n||_h\}$$

が得られる. したがって,

$$||u^n||_h \leqq ||u^0||_h + \tau\sum_{k=0}^{n-1}\{\theta||f^{k+1}||_h + (1-\theta)||f^k||_h\}$$

$$\leqq ||a||_h + \sqrt{n\tau}\left\{\tau(1-\theta)||f^0||_h^2 + \tau\sum_{k=1}^{n-1}||f^k||_h^2 + \tau\theta||f^n||_h^2\right\}^{1/2}$$

が成立する. ∎

(d) 適合性と収束性

$[0,1] \times [0,T]$ で定義された関数 v に対して, セミノルム

$$M_{k,\ell}(v) = \max\left\{\left|\frac{\partial^{k+\ell}v}{\partial x^k \partial t^\ell}(x,t)\right|; \ (x,t) \in [0,1] \times [0,T]\right\}$$

を定義する.

(1.24)〜(1.26) の解 u は

$$\frac{\partial^k u}{\partial t^k} \in C([0,1] \times [0,T]) \quad (0 \leqq k \leqq 3), \tag{1.46}$$

$$\frac{\partial^k u}{\partial x^k} \in C([0,1] \times [0,T]) \quad (0 \leqq k \leqq 4) \tag{1.47}$$

であり，$t \in [0,T]$ に対して

$$\frac{\partial^k u}{\partial x^k}(0,t) = 0 \quad (k=0,2,4), \qquad \frac{\partial^k u}{\partial x^k}(1,t) = 0 \quad (k=1,3) \tag{1.48}$$

を満たしているとする．このとき，

$$a(x) = u(x,0), \quad f(x,t) = \frac{\partial u}{\partial t}(x,t) - \frac{\partial^2 u}{\partial x^2}(x,t)$$

から，(1.42) は満たされていることに注意しよう．

解 u を

$$u(x) = \begin{cases} u(2-x) & (1 < x \leqq 2) \\ -u(-x) & (-2 \leqq x < 0) \end{cases} \tag{1.49}$$

と拡張し，その関数を改めて u と書く．(1.48) によりこの拡張は滑らかな拡張になっている．u を格子点に制限した関数のスキーム (1.27) に関する残差を

$$g_j^n = D_\tau u(jh, n\tau) + L_h\{\theta u(jh,(n+1)\tau) + (1-\theta)u(jh, n\tau)\} - f_j^{n+\theta}$$
$$(j = 0, \cdots, N,\ n = 0, \cdots, N_T) \tag{1.50}$$

とおく．

補題 1.6 (1.24)〜(1.26) の解 u は (1.46)〜(1.48) を満たしているとする．このとき，u のスキーム (1.27) に関する残差 (1.50) に対して

$$|g_j^n| \leqq \left|\theta - \frac{1}{2}\right| \tau M_{0,2}(u) + \frac{\tau^2}{12} M_{0,3}(u) + \frac{h^2}{12} M_{4,0}(u)$$
$$(j = 0, \cdots, N,\ n = 0, \cdots, N_T)$$

が成立する．

[証明] u は (1.24) の解なので，g_j^n は

$$g_j^n = g_{1j}^n + g_{2j}^n,$$

§1.2 熱方程式と von Neumann の条件

$$g_{1j}^n = D_\tau u(jh, n\tau) - \left\{\theta \frac{\partial u}{\partial t}(jh, (n+1)\tau) + (1-\theta)\frac{\partial u}{\partial t}(jh, n\tau)\right\},$$

$$g_{2j}^n = \theta\left\{L_h u(jh, (n+1)\tau) + \frac{\partial^2 u}{\partial x^2}(jh, (n+1)\tau)\right\}$$
$$+ (1-\theta)\left\{L_h u(jh, n\tau) + \frac{\partial^2 u}{\partial x^2}(jh, n\tau)\right\}$$

と分解できる.

$$D_\tau u(jh, n\tau) - \frac{1}{2}\left\{\frac{\partial u}{\partial t}(jh, (n+1)\tau) + \frac{\partial u}{\partial t}(jh, n\tau)\right\}$$
$$= -\tau^2 \int_0^1 \frac{s(1-s)}{2}\frac{\partial^3 u}{\partial t^3}(jh, n\tau + s\tau)\mathrm{d}s \qquad (1.51)$$

であることを用いて,

$$g_{1j}^n = \left(\frac{1}{2} - \theta\right)\tau\frac{\partial^2 u}{\partial t^2}(jh, n\tau + \eta_1\tau) - \frac{\tau^2}{12}\frac{\partial^3 u}{\partial t^3}(jh, n\tau + \eta_2\tau)$$

となる. ただし, $\eta_1, \eta_2 \in (0, 1)$ である. したがって,

$$|g_{1j}^n| \leq \left|\theta - \frac{1}{2}\right|\tau M_{0,2}(u) + \frac{\tau^2}{12}M_{0,3}(u)$$

である. 同様にして,

$$|g_{2j}^n| \leq \frac{h^2}{12}M_{4,0}(u)$$

が得られる. ∎

補題 1.6 は $\tau, h \downarrow 0$ のとき

$$D_\tau u(jh, n\tau) + L_h\{\theta u(jh, (n+1)\tau) + (1-\theta)u(jh, n\tau)\} \to \left(\frac{\partial u}{\partial t} - \frac{\partial^2 u}{\partial x^2}\right)(jh, n\tau)$$

なることを示している. したがって, スキーム (1.27) は偏微分方程式 (1.24) に適合している.

定理 1.4 (1.24)〜(1.26) の解 u は (1.46)〜(1.48) を満たしているとする. u_h をスキーム (1.27)〜(1.30) の解とする. $\theta \in [0, 1/2)$ のときは, 安定条件 (1.45) を仮定する. このとき

$$\max\{\|u_h^n - u^n\|_h;\ n = 0, \cdots, N_T\}$$
$$\leq T\left\{\left|\theta - \frac{1}{2}\right|\tau M_{0,2}(u) + \frac{\tau^2}{12}M_{0,3}(u) + \frac{h^2}{12}M_{4,0}(u)\right\}$$

が成立する．ここに，

$$u^n = \{u(jh, n\tau)\}_{j=0,\cdots,N}$$

である．

［証明］

$$e_j^n = u(jh, n\tau) - (u_h)_j^n$$

とおくと，e_j^n は

$$D_\tau e_j^n = -L_h\{\theta e_j^{n+1} + (1-\theta)e_j^n\} + g_j^n \quad (j = 1, \cdots, N,\ n = 0, \cdots, N_T - 1),$$
$$e_{N+1}^n = e_{N-1}^n \quad (n = 0, \cdots, N_T - 1),$$
$$e_j^0 = 0 \quad (j = 0, \cdots, N)$$

を満たしている．ここに，g_j^nは (1.50) である．補題1.5と補題1.6から結果を得る． ∎

定理1.4により，$h \downarrow 0$ ($\tau \downarrow 0$) のときスキーム (1.27) の解 u_h は厳密解 u に収束することがわかる．

Crank-Nicolson法では時間刻み τ に関する精度が2次になる．$\theta \neq 1/2$ のときは，τ に関する精度は1次である．このとき仮定 (1.46) は，$0 \leq k \leq 2$ で十分である．

格子点上の評価のみでなく領域全体での評価を得るには補間作用素を用いる．u_h を空間刻み h，時間刻み τ 上の格子点関数とする．$\Pi_{h\tau}$ を (1.19) において y を t で t 方向の刻みを τ で置き換えて得られる双一次補間作用素とする．次の記号を用いる．

$$\|v\|_{L^2(0,1)} = \left\{\int_0^1 |v(x)|^2 dx\right\}^{1/2},$$
$$\|v\|_{L^2((0,1)\times(0,T))} = \left\{\int_0^T dt \int_0^1 |v(x,t)|^2 dx\right\}^{1/2}$$

系 1.2 u は定理1.4の仮定を満たしているとする．u_h をスキーム (1.27) の解とする．$\theta \in [0, 1/2)$ のときは，安定条件 (1.45) を仮定する．このとき，

§1.2 熱方程式と von Neumann の条件

$$\max\{\|\Pi_{h\tau}u_h(\cdot,t) - u(\cdot,t)\|_{L^2(0,1)};\ 0 \leqq t \leqq T\}$$
$$\leqq cT\left\{\left|\theta - \frac{1}{2}\right|\tau M_{0,2}(u) + \tau^2(M_{0,3}(u) + M_{0,2}(u))\right.$$
$$\left. + h^2(M_{4,0}(u) + M_{2,0}(u))\right\}$$

が成立する. ここに, c は数値定数である.

[証明]

$$\|\Pi_{h\tau}u_h(\cdot,t) - u(\cdot,t)\|_{L^2(0,1)}$$
$$\leqq \|\Pi_{h\tau}u_h(\cdot,t) - \Pi_{h\tau}u(\cdot,t)\|_{L^2(0,1)}$$
$$+ \|\Pi_{h\tau}u(\cdot,t) - u(\cdot,t)\|_{L^2(0,1)} \tag{1.52}$$

と分解する. ここに, $\Pi_{h\tau}u$ は u の格子点値を使って補間した関数である. 一般に, $\Pi_h v_h$ を関数 v_h の格子点 $x = jh$ での値を折れ線で結んだ関数とすると,

$$\|\Pi_h v_h\|_{L^2(0,1)} \leqq \|v_h\|_h$$

が成立することに注意して, $t = (n+\eta)\tau$, $\eta \in [0,1)$ のとき,

$$\|\Pi_{h\tau}u_h(\cdot,t) - \Pi_{h\tau}u(\cdot,t)\|_{L^2(0,1)}$$
$$= \|\{(1-\eta)\Pi_h u_h^n + \eta\Pi_h u_h^{n+1}\} - \{(1-\eta)\Pi_h u^n + \eta\Pi_h u^{n+1}\}\|_{L^2(0,1)}$$
$$\leqq (1-\eta)\|\Pi_h u_h^n - \Pi_h u^n\|_{L^2(0,1)} + \eta\|\Pi_h u_h^{n+1} - \Pi_h u^{n+1}\|_{L^2(0,1)}$$
$$\leqq (1-\eta)\|u_h^n - u^n\|_h + \eta\|u_h^{n+1} - u^{n+1}\|_h \tag{1.53}$$

となる. 定理 1.4 を使って (1.53) は評価できる. 式 (1.52) 第 2 項は補題 1.4 を使って評価できる. ∎

v を $[0,1]$ 上の連続関数とするとき,

$$\|v\|_h \to \|v\|_{L^2(0,1)} \qquad (h \downarrow 0)$$

が成立する. このことに注意すれば系 1.2 から次の結果が得られる.

系 1.3 系 1.2 と同じ仮定の下で, $h, \tau \downarrow 0$ のときスキーム (1.27) の解 u_h は,

$$\max\{\|\Pi_{h\tau}u_h(\cdot,t) - u(\cdot,t)\|_{L^2(0,1)};\ 0 \leq t \leq T\}$$
$$\leq c\sqrt{T}\left\{\left|\theta - \frac{1}{2}\right|\tau\left\|\frac{\partial^2 u}{\partial t^2}\right\| + \tau^2\left(\left\|\frac{\partial^3 u}{\partial t^3}\right\| + \left\|\frac{\partial^2 u}{\partial t^2}\right\|\right)\right.$$
$$\left. + h^2\left(\left\|\frac{\partial^4 u}{\partial x^4}\right\| + \left\|\frac{\partial^2 u}{\partial x^2}\right\|\right)\right\}$$

となる.ここに,c は数値定数であり右辺のノルムは $L^2((0,1)\times(0,T))$ ノルムである. □

§1.3 最大値の原理

(a) Laplace 方程式の最大値の原理

Ω を平面上の有界領域,その境界 Γ は区分的に滑らかであるとする.

$$-\Delta u = 0 \qquad ((x,y)\in\Omega) \tag{1.54}$$

を満たしている関数 $u = u(x,y)$ を**調和関数**といい,方程式 (1.54) を **Laplace 方程式**という.§1.1 で定義された格子点集合 Ω_h, Γ_h,差分作用素 L_h を用いて,(1.54) の差分近似方程式

$$(L_h u_h)(P_{i,j}) = 0 \qquad (P_{i,j} \in \Omega_h) \tag{1.55}$$

を考える.この式は (1.14) で $f=0$ としたものに他ならない.

定理 1.5 $\Omega_h \cup \Gamma_h$ で定義された格子点関数 u_h が (1.55) を満たしているなら,

$$\min\{u_h(P_{i,j});\ P_{i,j}\in\Gamma_h\} \leq u_h(P_{i,j})$$
$$\leq \max\{u_h(P_{i,j});\ P_{i,j}\in\Gamma_h\} \quad (P_{i,j}\in\Omega_h) \tag{1.56}$$

が成立する.

[証明]
$$\beta = \max\{u_h(P_{i,j});\ P_{i,j}\in\Gamma_h\},$$
$$v_h = \beta - u_h$$

とおく.格子点関数 v_h は

$$L_h v_h = 0 \qquad (P_{i,j}\in\Omega_h),$$
$$v_h \geq 0 \qquad (P_{i,j}\in\Gamma_h)$$

§1.3 最大値の原理

を満たしているので,補題1.2により $v_h \geqq 0$ である.したがって,(1.56) の 2 番目の不等式が示せた.初めの不等式も同様にして証明できる. ∎

(1.55) を満たす格子点関数を離散調和関数と呼ぶことにすれば,定理 1.5 は離散調和関数の最大・最小は Γ_h で達成されることを示している.これを**離散最大値の原理**という.定理 1.5 は連続問題に対する次の**最大値の原理**の離散版である.

定理 1.6 $u \in C(\bar{\Omega}) \cap C^2(\Omega)$ が (1.54) を満たしているなら,

$$\min\{u(x,y); (x,y) \in \Gamma\} \leqq u(x,y)$$
$$\leqq \max\{u(x,y); (x,y) \in \Gamma\} \quad ((x,y) \in \Omega) \tag{1.57}$$

が成立する.

[証明] 解析的手法による証明は他の書物にゆずるとして,ここでは定理 1.5 を使った離散的手法による証明を示そう.

$$\beta = \max\{u(x,y); (x,y) \in \Gamma\}$$

とおく.

まず,Ω を含む閉集合 K が存在して,$u \in C^3(K)$ が成立しているときを考える.Ω_h, Γ_h を (1.4), (1.5) で定義される格子点集合とし,

$$\mathcal{S} = \bigcup_{k=1}^{+\infty} \left\{ \Omega_h;\ h(k) = \frac{1}{2^k} \right\}$$

とおく.$(x*, y*)$ を $\mathcal{S}$ の任意の点とする.ある k_0 が存在して,$k \geqq k_0$ である $h = h(k)$ に対して $(x*, y*)$ は Ω_h の格子点である.そのような h に対して差分方程式

$$(L_h u_h)(P_{i,j}) = 0 \qquad (P_{i,j} \in \Omega_h) \tag{1.58}$$
$$u_h(P_{i,j}) = u(P_{i,j}) \qquad (P_{i,j} \in \Gamma_h) \tag{1.59}$$

を考える.

$$\beta_h = \max\{u(P_{i,j});\ P_{i,j} \in \Gamma_h\}$$

とおく.定理 1.5 により

$$u_h(x*, y*) \leqq \beta_h$$

であり,定理 1.2 を用いて

$$u(x*, y*) = \lim_{h \downarrow 0} u_h(x*, y*)$$
$$\leqq \lim_{h \downarrow 0} \beta_h$$
$$= \beta$$

が得られる. (x,y) を Ω の任意の点とする. $\mathcal{S}$ は Ω で稠密なので (x,y) に収束する $\mathcal{S}$ の点列 $(x_k, y_k), k=1,2,\cdots$ が存在する. したがって,

$$u(x,y) = \lim_{k \to +\infty} u(x_k, y_k)$$
$$\leqq \beta$$

となる.

一般の場合を考える. (x,y) を Ω の任意の点とすると, 任意の $\epsilon > 0$ に対し
$$(x,y) \in \Omega_0^\epsilon \subset \bar{\Omega}_0^\epsilon \subset \Omega_1^\epsilon \subset \bar{\Omega}_1^\epsilon \subset \Omega$$
であって, Ω_0^ϵ の境界 Γ_0^ϵ 上の任意の点は Γ との距離が ϵ 以下となるように開集合 Ω_i^ϵ, $i=0,1$ を選ぶことができる.

$$\beta_\epsilon = \max\{u(x,y); (x,y) \in \Gamma_0^\epsilon\}$$

とおく. Ω_0^ϵ で調和方程式を考える. 調和関数は Ω の内部では無限回微分可能なので K として $\bar{\Omega}_1^\epsilon$ をとり, 初めの結果を使うと

$$u(x,y) \leqq \beta_\epsilon$$

が得られる. $u \in C(\bar{\Omega})$ より,

$$\lim_{\epsilon \downarrow 0} \beta_\epsilon = \beta$$

なので

$$u(x,y) \leqq \beta$$

が成立する.

(1.57) の最初の不等式も同様に証明できる. ∎

(b) 熱方程式の最大値の原理

Q_T を§1.2 で定義された領域とする. 関数 $u = u(x,t)$ は

$$\frac{\partial u}{\partial t} = \frac{\partial^2 u}{\partial x^2} \quad ((x,t) \in Q_T) \tag{1.60}$$

§1.3 最大値の原理

を満たしているとする．§1.2 のように格子点集合を作り，$\theta \in [0,1]$ として (1.60) の差分近似方程式

$$D_\tau u_j^n = -L_h\{\theta u_j^{n+1} + (1-\theta)u_j^n\} \tag{1.61}$$

を考える．このスキームは，(1.27) で $f=0$ としたものに他ならない．ただし，ここでは

$$0 < j < N \quad (0 \leqq n < N_T) \tag{1.62}$$

とする．

定理 1.7 格子点関数 $u_h = (u_j^n)$ が (1.27) を満たしているとする．ただし，$\theta \neq 1$ のときは

$$\frac{\tau}{h^2} \leqq \frac{1}{2(1-\theta)} \tag{1.63}$$

を仮定する．そのとき，$0 < n \leqq N_T$ に対して

$$\alpha_h^n \leqq u_j^n \leqq \beta_h^n \quad (0 < j < N) \tag{1.64}$$

が成立する．ここに，

$$\alpha_h^n = \min\left\{\min_{0 \leqq j \leqq N} u_j^0,\ \min_{0 < k \leqq n} u_0^k,\ \min_{0 < k \leqq n} u_N^k\right\},$$

$$\beta_h^n = \max\left\{\max_{0 \leqq j \leqq N} u_j^0,\ \max_{0 < k \leqq n} u_0^k,\ \max_{0 < k \leqq n} u_N^k\right\}$$

である． □

この定理の証明に先だって次の補題を示す．

補題 1.7 $j = 0, \cdots, N$，$n = 0, \cdots, N_T$ 上の格子点関数 $v_h = (v_j^n)$ が格子点 (1.62) で

$$D_\tau v_j^n \geqq -L_h\{\theta v_j^{n+1} + (1-\theta)v_j^n\} \tag{1.65}$$

を満たしているとする．ただし，$\theta \neq 1$ のときは条件 (1.63) を仮定する．さらに，

$$v_0^n,\ v_N^n \geqq 0 \quad (n = 0, \cdots, N_T), \tag{1.66}$$

$$v_j^0 \geqq 0 \quad (j = 0, \cdots, N) \tag{1.67}$$

を満たしているとする．このとき，

$$v_h \geqq 0$$

である.

[証明]
$$\alpha_n = \min\{v_j^n;\ 0 \leq j \leq N\} \quad (0 \leq n \leq N_T)$$

とおく. $\alpha_n < 0$ となる n が存在するとして矛盾を導く. そのような n の最小値を m とすると, (1.67) から, $m \geq 1$ であり,

$$\alpha_m < 0 \leq \alpha_{m-1} \tag{1.68}$$

である. 最小値 α_m を達成する j を考え,

$$\alpha_m = v_k^m$$

とおくと, (1.66) から $0 < k < N$ である. $\lambda = \tau/h^2$ とおいて, (1.63), (1.65) を使えば

$$\begin{aligned}
\alpha_{m-1} &= (1-\theta)\lambda\alpha_{m-1} + \{1 - 2(1-\theta)\lambda\}\alpha_{m-1} + (1-\theta)\lambda\alpha_{m-1} \\
&\leq (1-\theta)\lambda v_{k-1}^{m-1} + \{1 - 2(1-\theta)\lambda\}v_k^{m-1} + (1-\theta)\lambda v_{k+1}^{m-1} \\
&\leq -\theta\lambda v_{k-1}^m + (1+2\theta\lambda)v_k^m - \theta\lambda v_{k+1}^m \\
&\leq -\theta\lambda\alpha_m + (1+2\theta\lambda)\alpha_m - \theta\lambda\alpha_m \\
&= \alpha_m
\end{aligned}$$

が得られる. これは (1.68) に矛盾する. したがって, すべての n に対して $\alpha_n \geq 0$ である. ∎

[定理 1.7 の証明] $0 < m \leq N_T$ に m を任意に固定して,

$$v_j^n = u_j^n - \alpha_h^m \quad (0 \leq n \leq m,\ 0 \leq j \leq N)$$

とおく. 補題 1.7 により,

$$v_j^n \geq 0 \quad (0 \leq n \leq m,\ 0 \leq j \leq N)$$

が成立する. したがって, 特に $n = m$ として

$$u_j^m \geq \alpha_h^m \quad (0 \leq j \leq N)$$

が成立する. 同様にして,

$$u_j^m \leq \beta_h^m \quad (0 \leq j \leq N)$$

が成立し, m は任意なので, (1.64) が得られる. ∎

定理 1.7 は熱方程式の差分近似解の最大・最小は初期時刻か境界で達成されることを示している. これを熱方程式に対する**離散最大値の原理**という. 定理 1.7 は次の熱方程式に対する**最大値の原理**の離散版である.

定理 1.8 $[0,1] \times [0,T]$ で定義された連続関数 u が

$$\frac{\partial^2 u}{\partial x^2}, \; \frac{\partial u}{\partial t} \in C((0,1) \times (0,T))$$

であり, (1.60) を満たしているなら,

$$\alpha(t) \leqq u(x,t) \leqq \beta(t) \quad (0 < x < 1, \; 0 < t < T) \tag{1.69}$$

が成立する. ここに,

$$\alpha(t) = \min\{u(x,t); \; (x,t) \in \mathcal{S}(t)\}, \quad \beta(t) = \max\{u(x,t); \; (x,t) \in \mathcal{S}(t)\},$$
$$\mathcal{S}(t) = \{(x,0); \; 0 \leqq x \leqq 1\} \cup \{(0,s),(1,s); \; 0 \leqq s \leqq t\}$$

である. □

証明は次項である.

(c) 最大値ノルムでの誤差評価

§1.2 では問題 (1.24)〜(1.26) の解について L^2 ノルムでの誤差評価を示した. ここでは, 最大値ノルムでの評価を与えよう. 定理 1.4 に対応して次の結果が得られる.

定理 1.9 (1.24)〜(1.26) の解 u は (1.46)〜(1.48) を満たしているとする. u_h をスキーム (1.27)〜(1.30) の解とする. $\theta \neq 1$ のときは, 安定条件 (1.63) を仮定する. このとき

$$\max\{|(u_h)_j^n - u_j^n|; \; j = 0, \cdots, N, \; n = 0, \cdots, N_T\}$$
$$\leqq \left|\theta - \frac{1}{2}\right| \frac{\tau}{2} M_{0,2}(u) + \frac{\tau^2}{24} M_{0,3}(u) + \frac{h^2}{24} M_{4,0}(u)$$

が成立する. □

[証明] §1.2 のように格子点関数を拡張し, $j = 0, \cdots, 2N$ で考える.

$$\phi(x) = \frac{1}{2}\{1 - (x-1)^2\},$$
$$c = \left|\theta - \frac{1}{2}\right| \tau M_{0,2}(u) + \frac{\tau^2}{12} M_{0,3}(u) + \frac{h^2}{12} M_{4,0}(u)$$

とする.

$$e_j^n = c\phi(jh) + u(jh, n\tau) - (u_h)_j^n$$

とおくと,

$$(D_\tau + L_h)\phi = 1$$

が成り立つことと c のとり方から

$$D_\tau e_j^n + L_h e_j^{n+\theta} = c + g_j^n \geqq 0 \quad (j = 1, \cdots, 2N-1, \quad n = 0, \cdots, N_T - 1),$$
$$e_0^n = e_{2N}^n = 0 \quad (n = 0, \cdots, N_T - 1),$$
$$e_j^0 = c\phi(jh) \geqq 0 \quad (j = 0, \cdots, 2N)$$

が成立する.ここに, g_j^n は (1.50) であり補題 1.6 を使った.補題 1.7 から $e_j^n \geqq 0$ となるので

$$(u_h)_j^n - u(jh, n\tau) \leqq c\phi(jh)$$
$$\leqq \frac{c}{2}$$

となる.同様にして,

$$u(jh, n\tau) - (u_h)_j^n \leqq \frac{c}{2}$$

が得られるので

$$|(u_h)_j^n - u(jh, n\tau)| \leqq \frac{c}{2}$$

となり結果を得る. ∎

§1.2 と同様に補間作用素 $\Pi_{h\tau}$ を使えば,領域全体での誤差評価を得ることができる.

系 1.4 定理 1.9 と同じ仮定の下で,

$$\max\{|\Pi_{h\tau} u_h(x, t) - u(x, t)|;\ 0 \leqq x \leqq 1,\ 0 \leqq t \leqq T\}$$
$$\leqq c\left\{\left|\theta - \frac{1}{2}\right|\tau M_{0,2}(u) + \tau^2(M_{0,3}(u) + M_{0,2}(u))\right.$$
$$\left. + h^2(M_{4,0}(u) + M_{2,0}(u))\right\}$$

が成立する.ここに, c は数値定数である. ∎

証明は系 1.2 と同様にすればできる.

[定理 1.8 の証明] 熱方程式 (1.24) と初期条件 (1.25) を境界条件

$$u(0, t) = g_0(t), \quad u(1, t) = g_1(t) \quad (0 < t < T)$$

の下で考える.この問題についても,定理 1.9 と同様の結果を示すことができる.

関数 u は Q_T で (1.60) を満たしているので,u は
$$f = 0, \quad a = u(\cdot, 0), \quad g_0 = u(0, \cdot), \quad g_1 = u(1, \cdot)$$
に対する上述の問題の解になっている.u が $[0,1] \times [0,T]$ で必要な微分可能性を持っていれば,差分近似解 u_h は $[0,1] \times [0,T]$ で u に一様収束する.定理 1.7 により u_h は離散最大値の原理を満たしているので結果を得ることができる.

熱方程式 (1.60) を満たしている関数は $(0,1) \times (0,T)$ では無限回微分可能なので,定理 1.6 の手法により,一般の場合についても結果が得られる.

Crank-Nicolson 法は §1.2 に示したように無条件安定であった.これは L^2 の意味での安定性である.一方,最大値原理を満たすための条件 (1.63) は

$$\frac{\tau}{h^2} \leq 1$$

となる.この条件は L^∞ の意味での安定性の条件と言える.前進 Euler 法,後退 Euler 法のときは,どちらの意味で考えても二つの安定条件は一致する.

演習問題

1.1 問題 (1.1), (1.2) で
$$\Omega = \{(x,y);\ x^2 + y^2 < 1\}, \qquad f = 1$$
のとき,解は
$$u(x,y) = \frac{1}{4}(1 - x^2 - y^2)$$
となることを示せ.また,
$$\Omega = \{(x,y);\ -1 < x < 1,\ -1 < y < 1\}, \qquad f = 1$$
のときは,どうか.

1.2 式 (1.21) が成立することを補間作用素 Π は定数を再現するという.Π は 1 次多項式 $ax + by + c$ を再現することを示せ.また,2 次多項式 $ax^2 + bxy + cy^2 + dx + ey + f$ が再現されるための条件を求めよ.

1.3 熱方程式 (1.24)〜(1.26) で

$$f = 0, \quad a(x) = \sin\frac{2k+1}{2}\pi x \quad (k = 0, 1, \cdots)$$

とする. 解 $u(x,t)$ を求めよ. この u は, 任意の $\tau > 0$ について, $u(x, t+\tau)/u(x,t)$ は x, t に依存せず,

$$\frac{u(x, t+\tau)}{u(x,t)} = g(2k+1, \tau) + \mathrm{O}(\tau^2) \quad (\tau \downarrow 0)$$

であることを示せ. ここに, g は (1.44) で与えられる増幅係数で, $\tau \sim h^2$ であるとする.

1.4 移流拡散方程式

$$\frac{\partial u}{\partial t} = \frac{\partial^2 u}{\partial x^2} - b\frac{\partial u}{\partial x}$$

を考える. ここに, $b(x,t)$ は $|b| \leqq B$ である連続関数とする (B は正定数). この方程式を

$$D_\tau u_j^n = -L_h u_j^n - b_j^n \frac{u_{j+1}^n - u_{j-1}^n}{2h}$$

で近似するスキームは

$$\tau \leqq \frac{h^2}{2}, \quad h \leqq \frac{2}{B}$$

のとき, 離散最大値の原理 (定理 1.7) を満たすことを示せ.

$$D_\tau u_j^n = \begin{cases} -L_h u_j^n - b_j^n \dfrac{u_j^n - u_{j-1}^n}{h} & (b_j^n \geqq 0 \text{ のとき}) \\ -L_h u_j^n - b_j^n \dfrac{u_{j+1}^n - u_j^n}{h} & (b_j^n < 0 \text{ のとき}) \end{cases}$$

で近似するスキームは

$$\tau \leqq \frac{h^2}{2 + Bh}$$

のとき, 離散最大値の原理を満たすことを示せ. このスキームでは, 移流項の近似が b の符号に依存している. b を流速と考えると常に風上の情報を使って近似しているので, この近似を**風上近似** (upwind approximation) あるいは**上流近似** (upstream approximation) という. 風上近似は空間刻み h の大きさに関わらず, 適当な τ の選択のみで離散最大値の原理を実現することができる.

1.5 1 階双曲型方程式と初期条件

$$\frac{\partial u}{\partial t} + c\frac{\partial u}{\partial x} = 0 \quad (x \in \mathbf{R}^1, t > 0)$$

$$u(x, 0) = a(x) \quad (x \in \mathbf{R}^1)$$

を考える.ここに,c は正定数であり,a は周期 1 の連続的微分可能な関数であるとする.x に関して周期 1 の関数 $u = u(x,t)$ を求める.

(1) $u(x,t) = a(x - ct)$ は求める解であることを示せ.

(2) 自然数 N を定め,$h = 1/N$ とおく.時間刻み τ を定める.風上近似

$$D_\tau u_j^n + c\frac{u_j^n - u_{j-1}^n}{h} = 0 \quad (j \in \mathbf{Z}, n = 0, 1, \cdots) \tag{1.70}$$

を考える.このスキームの増幅係数 $g(k)$ を求めよ.

(3) 時間刻み τ が

$$\tau \leqq \frac{h}{c} \tag{1.71}$$

なら,スキーム (1.70) は,von Neumann の安定条件を満たすことを示せ.(1.71) は数値伝播速度 h/τ が元の方程式の伝播速度 c 以上であることを要請している.(1.71) を **Courant-Friedrichs-Lewy の条件** (CFL condition) という.

第 2 章
有限要素法

　この章では**有限要素法** (finite element method=FEM) について解説する．有限要素法は未知関数を基底関数の一次結合として求めるという点では Galerkin 法の一種であるが，その基底関数に大きな特長をもっている．すなわち，領域を要素と呼ばれる小領域に分割したいくつかの要素上でのみ各基底関数は非零である．任意形状領域に容易に適用でき，かつ汎用的プログラム作成が可能であり，今日では偏微分方程式の代表的な数値解法の一つになっている．その数学的基礎理論も関数空間論と結びついて整然としたものになっている．

§2.1 準備

　この節では，以下の議論に必要となる関数空間，関数解析，偏微分方程式論からの基礎事項を述べる．§2.2 の偏微分方程式の有限要素近似から読みはじめ，必要に応じてこの節に戻ってくることもできる．この節では，一部を除いて証明はしない．それらは末尾の参考文献に見出すことができる．第 4 章の最初の節でも，追加の基礎事項を定義に戻って述べている．そちらも参考にしていただきたい．

(a) 関数解析の基礎事項

　実数の全体を $\mathbf{R}$ と表現する．X, Y を実 Banach 空間，そのノルムを $\|\cdot\|_X$, $\|\cdot\|_Y$ で表す．混乱のおそれがないときは，単に $\|\cdot\|$ と書くこともある．X から Y への写像 T が

$$T(c_1 x_1 + c_2 x_2) = c_1 T x_1 + c_2 T x_2 \quad (c_1, c_2 \in \mathbf{R},\ x_1, x_2 \in X)$$

を満たしているとき，T を**線形作用素**という．

$$\sup_{x \neq 0} \frac{\|Tx\|_Y}{\|x\|_X} < +\infty$$

であるとき，T は連続であるという．X から Y への**連続線形作用素**の全体を $\mathcal{L}(X, Y)$ と書く．$\mathcal{L}(X, Y)$ は

$$\|T\|_{\mathcal{L}(X,Y)} = \sup_{x \neq 0} \frac{\|Tx\|_Y}{\|x\|_X}$$

をノルムとする Banach 空間である．

とくに，$Y = \mathbf{R}$ のとき $X' = \mathcal{L}(X, \mathbf{R})$ と書き X の**双対空間**という．$T \in X'$ のとき，Tx の代わりに $_{X'}\langle T, x \rangle_X$ と書き，**双対積**という．混乱のおそれがないときは，単に $\langle T, x \rangle$ と書く．

V を実 Hilbert 空間，その内積を $(\cdot, \cdot)_V$，内積から導かれるノルムを $\|\cdot\|_V$ で表す．V' を双対空間とする．

定理 2.1 (Riesz の定理) V' から V への同型写像 τ で

$$_{V'}\langle f, v \rangle_V = (\tau f, v)_V \quad (f \in V',\ v \in V)$$

となるものが存在する．このとき，

$$\|\tau\|_{\mathcal{L}(V', V)} = 1$$

である． □

双対空間 V' は

$$(f, g)_{V'} = (\tau f, \tau g)_V \quad (f, g \in V')$$

を内積とする Hilbert 空間である．

Banach 空間 X の列 $\{u_n\}_{n=1}^{+\infty}$ が，$u \in X$ に**弱収束**するとは，任意の $f \in X'$ に対して

$$\langle f, u_n \rangle \to \langle f, u \rangle$$

となるときをいい，

$$w - \lim_{n \to +\infty} u_n = u$$

と書く．X' の列 $\{f_n\}_{n=1}^{+\infty}$ が $f \in X'$ に**汎弱収束**するとは，任意の $u \in X$ に対して

$$\langle f_n, u \rangle \to \langle f, u \rangle$$

となるときをいい,

$$w^* - \lim_{n \to +\infty} f_n = f$$

と書く.

Banach 空間 X が高々可算個の元からなる稠密な部分集合を持つとき, **可分** (separable) であるという. X が可分なら, X' の有界集合は汎弱収束列を持つ. また, Hilbert 空間の有界列は弱収束する部分列を持つ.

M を Banach 空間 X の閉部分空間とする. 各 $v \in X$ に対して, $[v]$ で v を含んでいる M の同値類

$$[v] = v + M$$

を表す. 同値類の全体からなる空間を X/M と書き, M を法とする X の**商空間** (quotient space) という. 和, スカラー倍は

$$[u] + [v] = [u+v], \qquad \alpha[v] = [\alpha v]$$

で定義される. ノルム

$$\|[v]\| = \inf\{\,\|v + m\|_X;\ m \in M\,\}$$

で商空間 X/M は Banach 空間になる.

(b) Sobolev 空間

$\mathbf{R}^m$ を m 次元 Euclid 空間とする. 多くの場合, $m = 1, 2, 3$ である. $\mathbf{R}^m$ に属する点を $x = (x_1, \cdots, x_m)$ とする. (第 1 章では平面上の点を (x, y) で表現したが, この章では (x_1, x_2) と表現する.) Ω を $\mathbf{R}^m$ の領域とし, その境界 Γ は区分的に滑らかであるとする. 境界 Γ での外向き単位法線ベクトルを $n = (n_1, \cdots, n_m)$ とする. 非負整数の全体を $\mathbf{N}_0$ と表現する.

Ω で定義された関数で $k(\in \mathbf{N}_0)$ 回連続的微分可能な関数の全体を $C^k(\Omega)$ と書く. $\bar{\Omega}$ を含むある開集合があってそこで k 回連続的微分可能な関数を $\bar{\Omega}$ に制限したものの全体を $C^k(\bar{\Omega})$ と書く.

Ω で定義された実数値関数 v に対して

$$\|v\|_{0,p,\Omega} = \begin{cases} \left\{ \int_\Omega |v(x)|^p \, \mathrm{d}x \right\}^{1/p} & (1 \leqq p < +\infty) \\ \mathrm{ess.sup}\{|v(x)|; \ x \in \Omega\} & (p = +\infty) \end{cases}$$

とおく．ここに，ess.sup は本質的上限を示し，一般に，
$$\alpha = \mathrm{ess.sup}\{w(x); \ x \in \Omega\}$$
であるとは，任意の正数 ϵ に対して
$$\mathrm{meas}\{x \in \Omega; \ w(x) > \alpha + \epsilon\} = 0, \quad \mathrm{meas}\{x \in \Omega; \ w(x) > \alpha - \epsilon\} > 0$$
を満たす実数 α をいう．有限な α が存在しないとき，$\alpha = +\infty$ とおく．関数空間 $L^p(\Omega)$ を
$$L^p(\Omega) = \{ \ v : \Omega \to \mathbf{R}; \ \|v\|_{0,p,\Omega} < +\infty \ \}$$
で定義する．この空間に属する関数は，**p 乗可積分**である ($1 \leqq p < +\infty$)，あるいは，**本質的に有界**である ($p = +\infty$) という．

試験関数空間 $\mathcal{D}(\Omega)$ を $C^\infty(\Omega)$ に属する関数 ϕ でその台
$$\mathrm{supp}[\phi] = \overline{\{x \in \Omega; \ \phi(x) \neq 0\}}$$
が Ω でコンパクトなものの全体とする．ここに，右辺の上付き直線は集合の閉包を示している．試験関数空間 $\mathcal{D}(\Omega)$ は $C_0^\infty(\Omega)$ とも表記される．関数 g が**局所可積分**であるとは，任意のコンパクト集合 K に対して $g \in L^1(K)$ であるときをいう．Ω で局所可積分な関数の全体を $L^1_{\mathrm{loc}}(\Omega)$ と書く．Ω 上の超関数の全体を $\mathcal{D}'(\Omega)$ と書く．

$f \in L^p(\Omega)$ とする．$g \in L^1_{\mathrm{loc}}(\Omega)$ が f の超関数の意味での x_i 偏導関数であるとは
$$\int_\Omega f \frac{\partial \phi}{\partial x_i} \, \mathrm{d}x = -\int_\Omega g\phi \, \mathrm{d}x \quad (\forall \phi \in \mathcal{D}(\Omega))$$
が成り立つときをいい，$g = \dfrac{\partial f}{\partial x_i}$ と書く．$f \in C^1(\Omega)$ であれば，超関数の意味の微分は通常の意味の微分と一致する．

Sobolev 空間

$W^{k,p}(\Omega)$ を
$$W^{k,p}(\Omega) = \{ \ v : \Omega \to \mathbf{R}; \ D^\alpha v \in L^p(\Omega), \ |\alpha| \leqq k\}$$
$$(k \in \mathbf{N}_0, \ 1 \leqq p \leqq +\infty)$$

で定義する．ここに,
$$\alpha = (\alpha_1, \cdots, \alpha_m) \quad (\alpha_i \in \mathbf{N}_0),$$
$$D^\alpha = \frac{\partial^{|\alpha|}}{\partial x_1^{\alpha_1} \cdots \partial x_m^{\alpha_m}}, \qquad |\alpha| = \alpha_1 + \cdots + \alpha_m$$
である．$W^{k,p}(\Omega)$ のノルムを
$$\|v\|_{k,p,\Omega} = \begin{cases} \left\{ \sum_{j=0}^{k} |v|_{j,p,\Omega}^p \right\}^{1/p} & (1 \leqq p < +\infty), \\ \max\{|v|_{j,\infty,\Omega};\ 0 \leqq j \leqq k\} & (p = +\infty) \end{cases}$$
で定義する．ここに, $|v|_{j,p,\Omega}$ はセミノルム
$$|v|_{j,p,\Omega} = \begin{cases} \left\{ \sum_{|\alpha|=j} \|D^\alpha v\|_{0,p,\Omega}^p \right\}^{1/p} & (1 \leqq p < +\infty), \\ \max\{\|D^\alpha v\|_{0,\infty,\Omega};\ |\alpha| = j\} & (p = +\infty) \end{cases}$$
である．$W^{k,p}(\Omega)$ はこのノルムに関して完備になるので Banach 空間である．混乱のおそれがないときは，$\|v\|_{k,p,\Omega}$ の代わりに，$\|v\|_{k,p}$, $\|v\|_k$ と書くことがある．$p = 2$ のときは，$H^k(\Omega) = W^{k,2}(\Omega)$ の記号を用いる．$H^k(\Omega)$ は
$$(u,v)_{H^k(\Omega)} = \int_\Omega \sum_{|\alpha| \leqq k} D^\alpha u\ D^\alpha v\ \mathrm{d}x$$
を内積とする Hilbert 空間である．

$v \in W^{1,p}(\Omega)$ のとき，v の勾配 (gradient) を
$$\mathrm{grad}\ v = \left(\frac{\partial v}{\partial x_1}, \cdots, \frac{\partial v}{\partial x_m} \right)^\mathrm{T} \in (L^p(\Omega))^m$$
で定義する．ここに，T は転置を表す．$v \in (W^{1,p}(\Omega))^m$ のとき，v の発散 (divergence) を
$$\mathrm{div}\ v = \sum_{i=1}^m \frac{\partial v_i}{\partial x_i} \in L^p(\Omega)$$
で定義する．

(c) 境界へのトレース

Ω を $\mathbf{R}^m$ の有界領域とし，その境界 Γ は区分的に滑らかであるとする．$L^p(\Omega)$ と同様にして $L^p(\Gamma)$ を定義する．$W^{1,p}(\Omega)$ に属している関数 v に対して境界

Γ での値を定義することができる.この写像を**トレース作用素** (trace operator) といい, γ と書くと,
$$\gamma \in \mathcal{L}(W^{1,p}(\Omega), L^p(\Gamma))$$
である. $v \in C(\bar{\Omega}) \cap W^{1,p}(\Omega)$ なら, γv は v を境界上に制限した関数に一致する.混乱のおそれがないときは, $v(x)$ $(x \in \Gamma)$ と書いて $(\gamma v)(x)$ を意味するものとする.

$k \geqq 1$ とする.試験関数空間 $\mathcal{D}(\Omega)$ の $W^{k,p}(\Omega)$ ノルムでの閉包を $W_0^{k,p}(\Omega)$ とすると, $W_0^{k,p}(\Omega)$ は
$$W_0^{k,p}(\Omega) = \{v \in W^{k,p}(\Omega); (\frac{\partial}{\partial n})^j v = 0 \quad (j = 0, \cdots, k-1)\}$$
と書ける.ここに, $(\frac{\partial}{\partial n})^j v$ は v の j 階法線方向微分の境界 Γ へのトレースである. $j = 1$ のとき
$$\frac{\partial v}{\partial n} = n \cdot \mathrm{grad}\, v$$
である.

次の定理は部分積分に関する基本的な定理である.

定理 2.2 (Gauss-Green の定理)
$$f \in W^{1,p}(\Omega), \quad g \in W^{1,q}(\Omega) \quad \left(\frac{1}{p} + \frac{1}{q} = 1, 1 \leqq p \leqq +\infty\right)$$
に対して
$$\int_\Omega \frac{\partial f}{\partial x_i} g \, \mathrm{d}x = -\int_\Omega f \frac{\partial g}{\partial x_i} \, \mathrm{d}x + \int_\Gamma f g n_i \, \mathrm{d}s \quad (i = 1, \cdots, m) \quad (2.1)$$
が成立する. □

定理 2.2 を使って次の結果が得られる.

定理 2.3 $1 \leqq p \leqq +\infty$ とする.領域 Ω は区分的に滑らかな境界を持つ領域 Ω_i $(i = 1, 2)$ によって
$$\Omega = \Omega_1 + \Omega_2 + \Gamma_{12}$$
と表されているとする.ただし,
$$\Omega_1 \cap \Omega_2 = \emptyset, \quad \Gamma_{12} = (\bar{\Omega}_1 \cap \bar{\Omega}_2) \backslash \Gamma$$
である. $C(\bar{\Omega})$ に属している関数 v を Ω_i $(i = 1, 2)$ に制限した関数を v_i とする

とき，
$$v_i \in W^{1,p}(\Omega_i) \quad (i=1,2)$$
なら，$v \in W^{1,p}(\Omega)$ である (図 2.1).

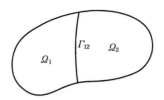

図 2.1 領域 Ω_1, Ω_2 と境界 Γ_{12}

［証明］ 任意に，$0 \leqq j \leqq m$ と $\phi \in \mathcal{D}(\Omega)$ を定める．それぞれの領域 Ω_i ($i=1,2$) で Gauss-Green の定理を使って

$$\int_\Omega v \frac{\partial \phi}{\partial x_j}\,dx = \sum_{i=1}^2 \int_{\Omega_i} v_i \frac{\partial \phi}{\partial x_j}\,dx$$
$$= -\sum_{i=1}^2 \int_{\Omega_i} \frac{\partial v_i}{\partial x_j} \phi\,dx + \int_{\Gamma_{12}} v\phi n_j^{12}\,ds + \int_{\Gamma_{12}} v\phi n_j^{21}\,ds$$
$$= -\sum_{i=1}^2 \int_{\Omega_i} \frac{\partial v_i}{\partial x_j} \phi\,dx$$

となる．ここで，$n_j^{k\ell}$ は Ω_k から Ω_ℓ への Γ_{12} での単位法線ベクトルで $n_j^{21} = -n_j^{12}$ なることを使った．したがって，

$$\frac{\partial v}{\partial x_j} = \begin{cases} \dfrac{\partial v_1}{\partial x_j} & (x \in \Omega_1), \\ \dfrac{\partial v_2}{\partial x_j} & (x \in \Omega_2) \end{cases}$$

であり，この関数は $L^p(\Omega)$ に属するので，$v \in W^{1,p}(\Omega)$ となる． ∎

$\Gamma_0 \subset \Gamma$ であり，$\mathrm{meas}(\Gamma_0) > 0$ とする．
$$W = \{v \in H^1(\Omega); v(x) = 0 \ (x \in \Gamma_0)\}$$
とおく．

定理 2.4 (Poincaré の不等式) 正定数 c が存在して
$$\|v\|_{0,2,\Omega} \leqq c|v|_{1,2,\Omega} \quad (v \in W)$$
が成立する． □

この定理から次の系が得られる.

系 2.1 W上で, H^1ノルムとH^1セミノルムは同等である. すなわち, 正定数cが存在して,
$$|v|_{1,2,\Omega} \leqq ||v||_{1,2,\Omega} \leqq c|v|_{1,2,\Omega} \quad (v \in W)$$
が成立する. □

(d) 埋蔵定理とコンパクト性定理

X, Y は Banach 空間であり, $X \subset Y$ であるとする. XからYへの恒等写像が連続であるとき, すなわち,
$$\sup_{x \neq 0} \frac{||x||_Y}{||x||_X} < +\infty$$
のとき, XはYに**埋蔵**されるといい,
$$X \hookrightarrow Y$$
と書く. さらに, その恒等写像がコンパクトであるとき, すなわち, X での任意の有界集合がY での収束列を含んでいるとき, X は Y に**コンパクトに埋蔵**されるといい,
$$X \underset{c}{\hookrightarrow} Y$$
と書く. $\lambda \in (0,1)$ として, **Hölder 連続**な関数の全体を
$$C^{0,\lambda}(\bar{\Omega}) = \{v \in C(\bar{\Omega}); ||v||_{0+\lambda,\infty,\Omega} < +\infty\}$$
$$||v||_{0+\lambda,\infty,\Omega} = ||v||_{0,\infty,\Omega} + \sup\left\{\frac{|v(x)-v(y)|}{|x-y|^\lambda}; x, y \in \Omega\right\}$$
と定義する. $k \in \mathbf{N}_0$として,
$$C^{k,\lambda}(\bar{\Omega}) = \{v \in C(\bar{\Omega}); ||v||_{k+\lambda,\infty,\Omega} < +\infty\}$$
$$||v||_{k+\lambda,\infty,\Omega} = \max\{||D^\alpha v||_{0+\lambda,\infty,\Omega}; |\alpha| \leqq k\}$$
と定義する.

定理 2.5 Ω を区分的に滑らかな境界を持つ $\mathbf{R}^m$ の有界領域とする. $p \in [1, +\infty]$, $k \in \mathbf{N}_0$ とする.

(1) $k < \dfrac{m}{p}$ のとき,

$$W^{k,p}(\Omega) \hookrightarrow L^q(\Omega) \qquad \left(1 \leqq q \leqq \frac{mp}{m-kp}\right)$$

$$W^{k,p}(\Omega) \underset{c}{\hookrightarrow} L^q(\Omega) \qquad \left(1 \leqq q < \frac{mp}{m-kp}\right)$$

である.

(2) $k = \dfrac{m}{p}$ のとき,

$$W^{k,p}(\Omega) \underset{c}{\hookrightarrow} L^q(\Omega) \qquad (1 \leqq q < +\infty)$$

である.

(3) $k > \dfrac{m}{p}$ で $\dfrac{m}{p} \notin \mathbf{Z}$ のとき,

$$W^{k,p}(\Omega) \hookrightarrow C^{k-[\frac{m}{p}]-1,\alpha}(\bar{\Omega}) \qquad \left(0 < \alpha \leqq 1 + [\frac{m}{p}] - \frac{m}{p}\right)$$

$$W^{k,p}(\Omega) \underset{c}{\hookrightarrow} C^{k-[\frac{m}{p}]-1,\alpha}(\bar{\Omega}) \qquad \left(0 < \alpha < 1 + [\frac{m}{p}] - \frac{m}{p}\right)$$

である.

(4) $k > \dfrac{m}{p}$ で $\dfrac{m}{p} \in \mathbf{Z}$ のとき,

$$W^{k,p}(\Omega) \underset{c}{\hookrightarrow} C^{k-\frac{m}{p}-1,\alpha}(\bar{\Omega}) \qquad (0 < \alpha < 1)$$

である.

□

定理の埋蔵に関する部分は **Sobolev の埋蔵定理**, コンパクトな埋蔵に関する部分は **Rellich-Kondrachov の定理**と呼ばれる.

系 2.2 Ω を区分的に滑らかな境界を持つ $\mathbf{R}^m$ の有界領域とする. $p \in [1, +\infty]$, $k \in \mathbf{N}$ のとき,

$$W^{k,p}(\Omega) \underset{c}{\hookrightarrow} W^{k-1,p}(\Omega)$$

である.

□

§2.2 Poisson 方程式

(a) 弱形式

Ω を平面上の有界領域,その境界 $\Gamma(=\partial\Omega)$ は区分的に滑らかであるとする. 境界 Γ は Γ_0 と Γ_1 とに分かれている. 次の問題を考える.

$$-\Delta u = F \qquad (x \in \Omega), \tag{2.2}$$

$$\frac{\partial u}{\partial n} = T \qquad (x \in \Gamma_1), \tag{2.3}$$

$$u = 0 \qquad (x \in \Gamma_0) \tag{2.4}$$

を満たす Ω で定義された関数 $u = u(x)$ を求める問題を考える. ここに, Δ は Laplace 作用素

$$\Delta = \frac{\partial^2}{\partial x_1^2} + \frac{\partial^2}{\partial x_2^2}$$

であり, n は境界 Γ での外向き単位法線ベクトルである. 偏微分方程式 (2.2) を **Poisson 方程式**ということは第 1 章と同じである. 関数 F, T は与えられたデータ

$$F \in L^2(\Omega), \qquad T \in L^2(\Gamma_1)$$

である.

関数空間 V を

$$V = \{v \in H^1(\Omega);\ v(x) = 0 \quad (x \in \Gamma_0)\} \tag{2.5}$$

とおく. $u \in H^2(\Omega)$ を問題 (2.2)〜(2.4) の解とする. v を V の任意の元とする. (2.2) の両辺に v を掛けて Ω で積分し Gauss-Green の定理を使うと,

$$\int_\Omega \sum_{i=1}^m \frac{\partial u}{\partial x_i}\frac{\partial v}{\partial x_i}\,\mathrm{d}x - \int_\Gamma \sum_{i=1}^m \frac{\partial u}{\partial x_i} n_i v\,\mathrm{d}s = \int_\Omega Fv\,\mathrm{d}x$$

となる. 左辺第 2 項は, u の境界条件 (2.3) と Γ_0 上で $v = 0$ であることを使うと

$$-\int_\Gamma \frac{\partial u}{\partial n} v\,\mathrm{d}s = -\int_{\Gamma_1} Tv\,\mathrm{d}s$$

と変形できる. この項を右辺に移行して

$$a(u,v) = \langle f, v \rangle \qquad (\forall v \in V) \tag{2.6}$$

§2.2 Poisson 方程式

が得られる. ここに,

$$a(u,v) = \int_\Omega \operatorname{grad} u \cdot \operatorname{grad} v \, dx, \tag{2.7}$$

$$\langle f, v \rangle = \int_\Omega Fv \, dx + \int_{\Gamma_1} Tv \, ds \tag{2.8}$$

である.

$u \in V$ に属している関数で (2.6) を満たすものを求める問題を考える. (2.6) を問題 (2.2)〜(2.4) の**弱形式**という. このように呼ぶのは, 現れている微分の階数が (2.2) では 2 階であるのに対し (2.6) では 1 階であることに依っている.

補題 2.1 $u \in H^2(\Omega)$ とする. このとき, u が問題 (2.2)〜(2.4) の解であることと u が問題 (2.6) の解であることとは同値である.

［証明］

(1) $u \in H^2(\Omega)$ が (2.2)〜(2.4) の解であるとする. このとき, u が (2.6) を満たしていることはすでに変形したとおりである.

(2) u を問題 (2.6) の解とする. (2.6) に Gauss-Green の定理を用い Γ_0 上で $v = 0$ になることに注意すると

$$\int_\Omega -\Delta u v \, dx + \int_{\Gamma_1} \frac{\partial u}{\partial n} v \, ds = \int_\Omega Fv \, dx + \int_{\Gamma_1} Tv \, ds \quad (\forall v \in V) \tag{2.9}$$

が得られる. とくに v として $H_0^1(\Omega)$ に属している関数を選ぶと境界積分はなくなるので

$$\int_\Omega -\Delta u v \, dx = \int_\Omega Fv \, dx$$

となる. したがって, 任意の $v \in H_0^1(\Omega)$ に対して,

$$\int_\Omega (-\Delta u - F) v \, dx = 0$$

が成立するので,

$$-\Delta u - F = 0$$

となり, (2.2) が得られる. (2.2) を使うと (2.9) は

$$\int_{\Gamma_1} \frac{\partial u}{\partial n} v \, ds = \int_{\Gamma_1} Tv \, ds \quad (\forall v \in V)$$

となり，任意の $v \in V$ に対して，

$$\int_{\Gamma_1} \left(\frac{\partial u}{\partial n} - T \right) v \, \mathrm{d}s = 0$$

が成立する．v は Γ_1 上で任意の値をとることができるので，

$$\frac{\partial u}{\partial n} - T = 0$$

となり，(2.3) が得られる．

偏微分方程式の境界条件 (2.3), (2.4) のうち，前者は弱形式の右辺に現れており，後者は解を探す空間 V の中に現れている．(2.3) を**自然境界条件**，(2.4) を**本質的境界条件**という．前者を Neumann 境界条件，力学的境界条件といい，後者を Dirichlet 境界条件，幾何学的境界条件ともいう．

(b) 有限要素近似

三角形1次要素を使う有限要素近似を考える．まず，領域 Ω を要素 e_j の和集合に分割する．要素 e_j は閉三角形であり，その数を N_e とする．この分割は次の条件を満たしている．

(1) $\bar{\Omega}$ は

$$\bar{\Omega} = \bigcup_{j=1}^{N_e} e_j$$

と分割される．

(2) 要素の内点集合は

$$\mathrm{int}\, e_i \cap \mathrm{int}\, e_j = \emptyset \quad (i \neq j)$$

を満たしている．

(3) $e_i \cap e_j, i \neq j$ は空集合か，共通の頂点か，共通の辺全体かである．

最初の条件は Ω が多角形でない限り不可能である．一般の曲がった領域のときには，この条件を弱くして有限要素法の手続きをすることができるが，ここでは簡単化のために Ω は多角形領域であると仮定しておく (図 2.2)．

$\bar{\Omega}$ にある三角形の頂点を P_i $(i = 1, \cdots, N_p)$ と記述する．関数 ϕ_i $(i = 1, \cdots, N_p)$ を

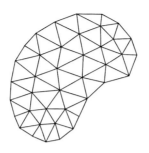

図 2.2 領域の要素分割

(1) 頂点 P_j で
$$\phi_i(P_j) = \delta_{ij} \quad (j = 1, \cdots, N_p)$$
であり,

(2) 各要素 e_k 上では 1 次多項式である,

として定義する. $\Omega \cup \Gamma_1$ 上にある頂点を $P_i(i = 1, \cdots, N)$ とする. $i \in [1, N]$ とすると, Γ_0 上の頂点 P で $\phi_i(P) = 0$ なので (Γ_0 の端点を頂点に取っておけば), $\phi_i(x) = 0$ $(x \in \Gamma_0)$ となっている. さらに, 定理 2.3 により $\phi_i \in H^1(\Omega)$ なので, $\phi_i \in V$ となる (図 2.3).

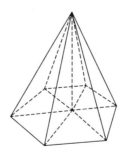

図 2.3 関数 ϕ_i

V_h を
$$V_h = \left\{ v_h = \sum_{j=1}^{N} c_j \phi_j;\ c_j \in \mathbf{R},\ \forall j \right\}$$
で定義すると, 関数 $\{\phi_i\}_{i=1}^{N}$ は一次独立なので V の N 次元部分空間である.

問題 (2.6) を有限次元で近似して，$u_h \in V_h$ で
$$a(u_h, v_h) = \langle f, v_h \rangle \quad (\forall v_h \in V_h) \tag{2.10}$$
となるものを求める問題を考える．

解 u_h を
$$u_h = \sum_{j=1}^{N} c_j \phi_j$$
と表すと，問題 (2.6) は未知数 c_j $(j = 1, \cdots, N)$ に関する N 元連立 1 次方程式
$$Ac = b$$
に帰着する．ここに，$A = [a_{ij}]$，b はそれぞれ
$$a_{ij} = a(\phi_j, \phi_i), \quad b_i = \langle f, \phi_i \rangle$$
を成分とする $N \times N$ 行列，N ベクトルであり，c は
$$c = (c_1, \cdots, c_N)^{\mathrm{T}}$$
である未知ベクトルである．§2.3 で示されるように，行列 A は正則であり c_j が求まる．したがって，有限要素解 u_h を得ることができる．

§2.3 最小型変分原理

(a) 変分問題

前節では，具体的な偏微分方程式である Poisson 方程式の有限要素近似を取り扱った．この節では，抽象的な変分問題について考える．

V を実 Banach 空間とする．そのノルムを $\|\cdot\|$ で表す．

定義 2.1 V 上の**一次形式** (linear form) とは，V から $\mathbf{R}$ への線形作用素のことをいう．これは，**線形汎関数** (linear functional) とも呼ばれる． □

V 上の連続な一次形式の全体を V' であらわす．これは，V の双対空間にほかならない．

定義 2.2 $V \times V$ から $\mathbf{R}$ への写像 a が $V \times V$ 上の**双一次形式** (bilinear form) であるとは，
$$a(c_1 u_1 + c_2 u_2, v) = c_1 a(u_1, v) + c_2 a(u_2, v) \quad (c_1, c_2 \in \mathbf{R}, \; u_1, u_2, v \in V)$$
$$a(u, c_1 v_1 + c_2 v_2) = c_1 a(u, v_1) + c_2 a(u, v_2) \quad (c_1, c_2 \in \mathbf{R}, \; u, v_1, v_2 \in V)$$

が成立するときをいう. さらに,

$$\sup_{u,v\neq 0} \frac{a(u,v)}{||u||\,||v||} < +\infty$$

のとき, a は**連続**であるという. □

$V \times V$ 上の連続な双一次形式の全体は

$$||a|| = \sup_{u,v\neq 0} \frac{a(u,v)}{||u||\,||v||}$$

をノルムとする Banach 空間である.

a を $V \times V$ 上の連続な双一次形式とする. このとき, V から V' への写像 A を

$$\langle Au, v \rangle = a(u,v) \qquad (u, v \in V)$$

で定義すると, $A \in \mathcal{L}(V, V')$ であり,

$$||A||_{\mathcal{L}(V,V')} = ||a||$$

となる.

V を実 Hilbert 空間, 内積を $(\cdot, \cdot)$, その内積から導かれるノルムを $||\cdot||$ で表す. $f \in V'$ が与えられたとき, $u \in V$ で

$$a(u,v) = \langle f, v \rangle \qquad (\forall v \in V) \tag{2.11}$$

を求める**変分問題** (variational problem) を考える. この問題を問題 (P) と表現する.

定義 2.3 $V \times V$ 上の双一次形式 a が**強圧的** (coercive) であるとは, ある正定数 α が存在して

$$a(v,v) \geqq \alpha ||v||^2 \qquad (\forall v \in V) \tag{2.12}$$

が成立するときをいう. □

不等式

$$\inf_{v\neq 0} \frac{a(v,v)}{||v||^2} > 0$$

は, a が強圧的であるための同値な条件である.

補題 2.2 A を強圧的連続双一次形式 a から導かれる V から V' への線形作用素とすると,

$$||Av||_{V'} \geqq \alpha ||v|| \qquad (\forall v \in V) \tag{2.13}$$

が成立する．

［証明］ V' のノルムの定義と (2.12) から

$$\|Av\|_{V'} = \sup_{w \neq 0} \frac{\langle Av, w \rangle}{\|w\|}$$
$$\geqq \frac{\langle Av, v \rangle}{\|v\|}$$
$$\geqq \alpha\|v\|$$

である． ∎

定理 2.6 (Lax-Milgram の定理) 双一次形式 a が連続かつ強圧的なら，任意の $f \in V'$ に対して問題 (P) の解 $u \in V$ は存在して一意である．f から u への対応は V' から V への同型写像を与える．

［証明］ まず，解の一意性を示す．u_i $(i = 1, 2)$ を問題 (P) の解とする．すなわち，

$$a(u_i, v) = \langle f, v \rangle \quad (i = 1, 2, \ v \in V)$$

である．a は強圧的なので，

$$\alpha \|u_1 - u_2\|^2 \leqq a(u_1 - u_2, u_1 - u_2)$$
$$= a(u_1, u_1 - u_2) - a(u_2, u_1 - u_2)$$
$$= \langle f, u_1 - u_2 \rangle - \langle f, u_1 - u_2 \rangle$$
$$= 0$$

となる．したがって，$u_1 = u_2$ である．

次に解の存在を示す．τ を V' から V への Riesz 写像とする．

$$V_1 = \{\tau Av; \ v \in V\}$$

とおく．V_1 は V の閉部分空間である．実際，$w_0 (\in V)$ に収束する列 $\{w_i\}_{i=1}^{+\infty} \subset V_1$ を考える．$w_i = \tau A v_i$ $(v_i \in V)$ と書ける．(2.13) から

$$\alpha \|v_i - v_j\| \leqq \|A(v_i - v_j)\|_{V'}$$
$$= \|\tau A v_i - \tau A v_j\|$$

となり，$\{v_i\}_{i=1}^{+\infty}$ は収束列である．したがって，$v_0 (\in V)$ が存在し，

$$\lim_{i \to +\infty} v_i = v_0$$

であり，

§2.3 最小型変分原理

$$w_0 = \lim_{i \to +\infty} \tau A v_i$$
$$= \tau A v_0$$
$$\in V_1$$

となる．$V \neq V_1$ とすると，

$$v* \neq 0, \quad (v, v*) = 0 \quad (\forall v \in V_1)$$

を満たす元 $v* (\in V)$ が存在する．$v = \tau A v*$ ととると

$$0 = (\tau A v*, v*)$$
$$= \langle A v*, v* \rangle$$
$$\geqq \alpha \|v*\|^2$$

から，$v* = 0$ となり矛盾である．したがって，$V_1 = V$ となり $f \in V'$ に対して，$\tau f = \tau A u$ となる $u \in V$ が存在する．τ は同型写像なので $Au = f$ となる．
　a は連続な双一次形式なので

$$\|f\|_{V'} = \|Au\|_{V'}$$
$$\leqq \|A\| \|u\|$$

であり，(2.13) から

$$\|u\| \leqq \frac{1}{\alpha} \|Au\|_{V'}$$
$$= \frac{1}{\alpha} \|f\|_{V'}$$

である．したがって，f と u との対応は V' と V との同型写像である．■

例 2.1 (2.5) で定義される V は $H^1(\Omega)$ の閉部分空間であるので，Hilbert 空間である．(2.8) で定義される f は V 上の連続一次形式である．実際，トレース作用素 γ の連続性から

$$|\langle f, v \rangle| \leqq \int_\Omega |Fv|\, dx + \int_{\Gamma_1} |Tv|\, ds$$
$$\leqq \|F\|_{0,2,\Omega} \|v\|_{0,2,\Omega} + \|T\|_{0,2,\Gamma_1} \|v\|_{0,2,\Gamma_1}$$
$$\leqq \|F\|_{0,2,\Omega} \|v\|_{0,2,\Omega} + \|T\|_{0,2,\Gamma_1} \|\gamma\| \|v\|_{1,2,\Omega}$$
$$\leqq (\|F\|_{0,2,\Omega} + \|T\|_{0,2,\Gamma_1} \|\gamma\|) \|v\|_{1,2,\Omega}$$

が成立するからである．同様にして，(2.7) で定義される a は $V \times V$ 上の連続双一次形式である．Poincaré の不等式を使って

$$a(v,v) = |v|_{1,2,\Omega}^2$$
$$\geqq \left(\frac{1}{c}\right)^2 \|v\|_{1,2,\Omega}^2$$

なので, a は強圧的である. □

(b) 最小型変分原理

V を Hilbert 空間とする.

定義 2.4 $V \times V$ 上の双一次形式が**対称** (symmetric) であるとは,
$$a(v,u) = a(u,v) \quad (u,v \in V)$$
が成立するときをいう. □

$f \in V'$ とする. V 上の**汎関数** (functional) J を
$$J[v] = \frac{1}{2}a(v,v) - \langle f, v \rangle$$
と定義する. **最小化問題** (minimization problem): $u \in V$ で
$$J[u] = \min_{v \in V} J[v] \tag{2.14}$$
となるものを求めよ, を考える.

定理 2.7 双一次形式 a は連続, 強圧的, 対称であるとする. そのとき, 最小化問題 (2.14) の解は存在して一意であり, 変分問題 (P) の解と一致する.

[証明] $u \in V$ を変分問題 (P) の解とする. v を任意の V の元として, $w = v - u$ とおく. (2.11) を使って
$$\begin{aligned}
J[v] &= J[u+w] \\
&= J[u] + a(u,w) - \langle f, w \rangle + \frac{1}{2}a(w,w) \\
&= J[u] + \frac{1}{2}a(w,w) \\
&\geqq J[u]
\end{aligned}$$
となるので, u は最小化問題 (2.14) の解である.

こんどは, u を最小化問題 (2.14) の解とする. ϵ を任意の実数, $v \in V$ を任意の元とする. u は最小化問題の解なので,

§2.3 最小型変分原理

$$0 \leqq J[u + \epsilon v] - J[u]$$
$$= \epsilon \{a(u,v) - \langle f, v \rangle\} + \frac{\epsilon^2}{2} a(v,v)$$

が成立する．$\epsilon \downarrow 0$ のとき，両辺を ϵ で割ってから極限をとると，

$$0 \leqq a(u,v) - \langle f, v \rangle$$

が得られる．同様に，$\epsilon \uparrow 0$ として，

$$0 \geqq a(u,v) - \langle f, v \rangle$$

が得られるので，

$$0 = a(u,v) - \langle f, v \rangle$$

が成立する．$v \in V$ は任意だったので，u は変分問題 (P) の解である．

定理 2.6 により変分問題 (P) の解は存在して一意なので，最小化問題の解も同様である． ∎

最小化問題 (2.14) と変分問題 (2.11) とは同等である．これを，**最小型変分原理** (variational principle of minimization type) という．最小化問題で解の候補になりうる関数を**許容関数** (admissible function) という．問題 (2.14) では，V が許容関数の全体である．

例 2.2 (2.7) で定義される a は対称である．したがって，変分問題 (2.6) を解くことと，汎関数

$$J[v] = \frac{1}{2} \int_\Omega |\mathrm{grad}\, v|^2 \mathrm{d}x - \int_\Omega Fv \, \mathrm{d}x - \int_{\Gamma_1} Tv \, \mathrm{d}s \quad (v \in V)$$

の最小化問題とは同値である． □

(c) Ritz-Galerkin 法

V_h を V の有限次元部分空間とする．

$$\dim V_h = N < +\infty$$

とおく．V_h の**基底関数**を $\{\phi_j\}_{j=1}^N$ とする．すなわち，これらの関数は一次独立で，

$$V_h = \left\{ v_h = \sum_{j=1}^N c_j \phi_j ; \ c_j \in \mathbf{R}, \ \forall j \right\} \tag{2.15}$$

と書ける．

§2.2 と同様に，問題 (P) の有限次元近似問題: $u_h \in V_h$ で
$$a(u_h, v_h) = \langle f, v_h \rangle \qquad (\forall v_h \in V_h) \tag{2.16}$$
となるものを求めよ，を考える．この問題を (P_h) と表現する．

解 u_h を
$$u_h = \sum_{j=1}^{N} c_j \phi_j \tag{2.17}$$
と表すと，問題 (P_h) は未知数 c_j $(j = 1, \cdots, N)$ を求める N 元連立一次方程式
$$Ac = b$$
に帰着する．ここに，$A = [a_{ij}]$, b はそれぞれ
$$a_{ij} = a(\phi_j, \phi_i), \quad b_i = \langle f, \phi_i \rangle$$
を成分とする $N \times N$ 行列，N ベクトルであり，c は
$$c = (c_1, \cdots, c_N)^{\mathrm{T}}$$
である未知ベクトルである．

系 2.3 定理 2.6の条件を仮定する．行列 A は正則であり，問題 (P_h) の解は存在して一意である．

［証明］行列 A が正則であることを示せばよい．ある N ベクトル c があり，$Ac = 0$ とする．u_h を (2.17) とすると，
$$\begin{aligned} 0 &= c^{\mathrm{T}} A c \\ &= a(u_h, u_h) \\ &\geqq \alpha \|u_h\|^2 \end{aligned}$$
となり $u_h = 0$ である．$\{\phi_i\}_{i=1}^{N}$ は一次独立なので，$c = 0$ となり A は正則である． ∎

a が対称なときは行列 A も対称になる．このとき，上の証明からわかるように，A は正定値である．問題 (P) の近似解を問題 (P_h) の解として求める方法を **Galerkin 法**という．とくに，a が対称のとき，**Ritz-Galerkin 法**という．このとき，厳密解を u, 近似解を u_h とすると，$V_h \subset V$ なので
$$J[u] \leqq J[u_h]$$
が成立する．

例 2.3 有限要素近似問題 (2.10) の解は存在して一意である． □

§2.3 最小型変分原理

§2.2 で示した有限要素法は Ritz-Galerkin 法の一種である．そのときの基底関数 ϕ_i の台は頂点 P_i を含む三角形からなる多角形である．有限要素法の基底関数の特徴は，局所的な台を持つこと，要素上では低次の多項式からなる基底関数を使うことである．

V が可分なとき，Galerkin 法を使って，問題 (P) の解の存在を示すことができる．この方法は，偏微分方程式の解の存在を証明する有力な手法の一つである．

[定理 2.6 の解の存在の別証]　V の稠密な可算個の基底を $\{\phi_j\}_{j=1}^{+\infty}$ とする．$h = 1/N$ とおき，(2.15) により V_h を定める．系 2.3 により，問題 (2.16) の解 $u_h \in V_h$ が存在し，

$$\alpha \|u_h\|^2 \leqq a(u_h, u_h)$$
$$= \langle f, u_h \rangle$$
$$\leqq \|f\|_{V'} \|u_h\|$$

なので，

$$\|u_h\| \leqq \frac{1}{\alpha} \|f\|_{V'}$$

である．したがって，$\{u_h\}_{h\downarrow 0}$ は Hilbert 空間の有界列なので，部分列 (それをあらためて $\{u_h\}_{h\downarrow 0}$ と書く) と $u \in V$ が存在して，u_h は u に弱収束する．任意の $v_{h^*} \in V_{h^*}$ に対して，

$$a(u_h, v_{h^*}) = \langle f, v_{h^*} \rangle \quad (h \leqq h^*)$$

が成立しているので，$h \downarrow 0$ として

$$a(u, v_{h^*}) = \langle f, v_{h^*} \rangle \tag{2.18}$$

が得られる．

$v \in V$ を任意の元とすると，v に収束する列 $\{v_{h^*}\}_{h^*\downarrow 0}$, $v_{h^*} \in V_{h^*}$ が選べるので，(2.18) で $h^* \downarrow 0$ として

$$a(u, v) = \langle f, v \rangle$$

が成立する．■

(d) Céa の補題

変分問題 (2.11) の解 u と近似問題 (2.16) の解 u_h の誤差評価は次の補題が基礎になる.

補題 2.3 (Céa の補題) a を強圧的連続双一次形式とする. このとき,

$$\|u - u_h\| \leq \frac{\|a\|}{\alpha} \inf_{v_h \in V_h} \|u - v_h\| \tag{2.19}$$

が成立する.

［証明］ $v_h \in V_h$ を任意に定める. $V_h \subset V$ であり, u が変分問題 (2.11) の解であることと u_h が近似問題 (2.16) の解であることから,

$$\begin{aligned}
a(u - u_h, v_h) &= a(u, v_h) - a(u_h, v_h) \\
&= \langle f, v_h \rangle - \langle f, v_h \rangle \\
&= 0
\end{aligned} \tag{2.20}$$

となる. a は強圧的であるので,

$$\begin{aligned}
\alpha \|u - u_h\|^2 &\leq a(u - u_h, u - u_h) \\
&= a(u - u_h, u - v_h) + a(u - u_h, v_h - u_h) \\
&= a(u - u_h, u - v_h) \\
&\leq \|a\| \|u - u_h\| \|u - v_h\|
\end{aligned}$$

が得られる. したがって,

$$\|u - u_h\| \leq \frac{\|a\|}{\alpha} \|u - v_h\|$$

となる. v_h は V の任意の元だったので, (2.19) が成立する. ∎

(2.20) は Galerkin 直交性と呼ばれる. (2.19) の右辺は関数 u が有限次元部分空間 V_h でどの程度近似されるか, 言い換えれば, 関数空間 V_h の近似能力を意味している. したがって, Céa の補題により, 有限要素解の誤差評価は変分問題からはなれ, 関数近似の問題に帰着された. 次節でこの問題を取り扱う.

§2.4 誤差評価

(a) 正則分割列

§2.2 で考えた平面領域の三角形分割を一般化する．Ω を $\mathbf{R}^m$ の多面体領域とする．$\mathcal{T} = \{e_j\}_{j=1}^{N_e}$ を Ω の m 単体分割とする．ここに，e_j は閉 m 単体で**要素** (element) とも呼ばれ，次の条件を満たしている．

(1) $\bar{\Omega}$ は

$$\bar{\Omega} = \bigcup_{j=1}^{N_e} e_j$$

と分割される．

(2) 要素の内点集合は

$$\mathrm{int}\, e_i \cap \mathrm{int}\, e_j = \emptyset \quad (i \neq j)$$

を満たしている．

(3) $e_i \cap e_j, i \neq j$ は空集合か，共通の $\ell (< m)$ 単体かである．

集合 S に対してその直径を

$$\mathrm{diam}(S) = \sup\{|x-y|;\, x, y \in S\}$$

で定義する．領域 Ω の分割列 $\{\mathcal{T}_h\}_{h\downarrow 0}$ を考える．

定義 2.5 分割列 $\{\mathcal{T}_h\}_{h\downarrow 0}$ が**正則** (regular) であるとは，次の条件が満たされるときをいう．

(1)
$$\lim_{h\downarrow 0} \max\{\mathrm{diam}(e);\, e \in \mathcal{T}_h\} = 0$$

(2) ある正定数 σ が存在して

$$\frac{\rho(e)}{\mathrm{diam}(e)} \geq \sigma \quad (\forall e \in \mathcal{T}_h, \quad \forall h)$$

である．ここに，$\rho(e)$ は要素 e の内接球の直径である．

□

$\mathcal{T}$ を Ω の m 単体分割とするとき

$$h(\mathcal{T}) = \max\{\mathrm{diam}(e);\, e \in \mathcal{T}\}$$

とおく.そのような単体分割を示すために,しばしば $\mathcal{T}_h$ と書く.したがって,$\{\mathcal{T}_h\}_{h\downarrow 0}$ と書けば定義 2.5 の条件 (1) は満たされているものと考える.

例 2.4 平面上の多角形領域の三角形分割列 $\{\mathcal{T}_h\}_{h\downarrow 0}$ を考える.ある正定数 θ_0 が存在して,任意の要素 $e \in \bigcup\{\mathcal{T}_h; h > 0\}$ の任意の角 θ に対して

$$\theta \geqq \theta_0$$

が成立すれば,この分割列は正則である.逆に,正則な三角形分割列にはこのような正定数 θ_0 が存在する.この条件を**最小角条件**という. □

この節では,正則な分割列から得られた有限要素解の誤差評価について考える.

(b) アフィン同等要素分割

F が $\mathbf{R}^m$ から $\mathbf{R}^m$ への**アフィン写像** (affine mapping) であるとは,ある $m \times m$ 定数行列 B とある定数ベクトル b が存在して

$$x = F(\hat{x}) = B\hat{x} + b$$

と書けるときをいう.

$\hat{e}$ を $(m+1)$ 個の頂点が $(0,0,\cdots,0), (1,0,\cdots,0), ..., (0,0,\cdots,1)$ である m 単体とする.この単体は,しばしば**参照単体**と呼ばれる.$\{\hat{P}_j, \hat{\phi}_j\}_{j=1}^{\hat{N}}$ は $\hat{e}$ 内にある節点と基底関数の組であり,

$$\hat{\phi}_i(\hat{P}_j) = \delta_{ij} \qquad (i,j = 1, \cdots, \hat{N}) \tag{2.21}$$

を満たしているとする.$\mathcal{T}_h$ を多面体領域 Ω の m 単体分割とする.$\{P_i, \phi_i\}_{i=1}^{N_p}$ は Ω 内にある節点と基底関数の組であり,ϕ_i は

$$\mathrm{supp}[\phi_i] \subset \bigcup\{e; P_i \in e \in \mathcal{T}_h\} \qquad (i = 1, \cdots, N_p), \tag{2.22}$$

$$\phi_i(P_j) = \delta_{ij} \qquad (i,j = 1, \cdots, N_p)$$

を満たしているとする.

定義 2.6 $(\mathcal{T}_h, \{P_i, \phi_i\}_{i=1}^{N_p})$ が**アフィン同等有限要素分割**であるとは,$\mathcal{T}_h$ に属す任意の要素 e に対して次の条件を満たすアフィン写像 $F(= F_e)$ が存在するときをいう (図 2.4).

(1) $$e = F(\hat{e}) \tag{2.23}$$

(2) $\{F(\hat{P}_j); j = 1, \cdots, \hat{N}\}$ は e 上にある節点の全体と一致し,$P_{i(j)} = F(\hat{P}_j)$ とおくとき,

$$\phi_{i(j)}(x) = \hat{\phi}_j(F^{-1}(x)) \qquad (x \in \mathrm{int}\, e,\; j = 1, \cdots, \hat{N}) \tag{2.24}$$

が成立する.

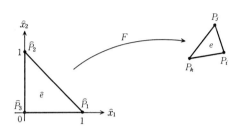

図 2.4　参照要素 $\hat{e}$ から要素 e へのアフィン写像

アフィン写像の Jacobi 行列式は定数であり,(2.23) よりその絶対値は

$$\frac{\text{meas } e}{\text{meas } \hat{e}} \neq 0$$

である.したがって,(2.24) に現れる F^{-1} は常に存在する.

例 2.5 §2.2(b) の領域 Ω の三角形分割を $\mathcal{T}_h$ で表すと,$(\mathcal{T}_h, \{P_i, \phi_i\}_{i=1}^{N_p})$ はアフィン同等有限要素分割である.$\hat{N} = 3$ であり,参照要素 $\hat{e}$ は

$$\hat{P}_1(1,0), \quad \hat{P}_2(0,1), \quad \hat{P}_3(0,0)$$

を頂点とする三角形である.基底関数は

$$\hat{\phi}_1(\hat{x}_1, \hat{x}_2) = \hat{x}_1, \quad \hat{\phi}_2(\hat{x}_1, \hat{x}_2) = \hat{x}_2, \quad \hat{\phi}_3(\hat{x}_1, \hat{x}_2) = 1 - \hat{x}_1 - \hat{x}_2$$

である.$e \in \mathcal{T}_h$ の 3 頂点を

$$P_\ell(x_1^{(\ell)}, x_2^{(\ell)}) \qquad (\ell = i, j, k)$$

とすると,参照要素 $\hat{e}$ を要素 e に移すアフィン写像 $F = (F_1, F_2)$ は

$$F_\ell = x_\ell^{(i)} \hat{\phi}_1 + x_\ell^{(j)} \hat{\phi}_2 + x_\ell^{(k)} \hat{\phi}_3 \qquad (\ell = 1, 2)$$

と表現できる.このアフィン写像で $(\hat{P}_1, \hat{P}_2, \hat{P}_3)$ は (P_i, P_j, P_k) にそれぞれ移る.この対応を変えれば異なるアフィン写像を使うことができる.節点 (P_i, P_j, P_k) が正の向き (反時計回り) になっていると,F の Jacobi 行列式の値は正になる.この要素を**三角形 1 次要素**という.$\mathcal{P}_1$ 要素ともいう. □

基底関数 $\phi_i, \hat{\phi}_j$ で張られる空間をそれぞれ

$$W_h = [\phi_1, \cdots, \phi_{N_p}], \quad \hat{W} = [\hat{\phi}_1, \cdots, \hat{\phi}_{\hat{N}}] \tag{2.25}$$

とおく．$C(\bar{\Omega})$ から W_h への**補間作用素**Π_h，$C(\hat{e})$ から $\hat{W}$ への補間作用素 $\hat{\Pi}$ を

$$\Pi_h v = \sum_{i=1}^{N_p} v(P_i)\phi_i \qquad (v \in C(\bar{\Omega})), \tag{2.26}$$

$$\hat{\Pi}\hat{v} = \sum_{j=1}^{\hat{N}} \hat{v}(\hat{P}_j)\hat{\phi}_j \qquad (\hat{v} \in C(\hat{e}))$$

で定義する．

補題 2.4 $(\mathcal{T}_h, \{P_i, \phi_i\}_{i=1}^{N_p})$ をアフィン同等有限要素分割とする．e を $\mathcal{T}_h$ の任意の要素，F を参照要素 $\hat{e}$ を e に移すアフィン写像とする．任意の関数 $v \in C(\bar{\Omega})$ に対して，

$$(\hat{\Pi}\hat{v})(\hat{x}) = (\Pi_h v)(F(\hat{x})) \qquad (\hat{x} \in \operatorname{int} \hat{e})$$

が成立する．ここに，

$$\hat{v}(\hat{x}) = v(F(\hat{x})) \qquad (\hat{x} \in \operatorname{int} \hat{e})$$

である．

［証明］$\hat{x} \in \operatorname{int} \hat{e}$ とする．補間作用素 $\Pi_h, \hat{\Pi}$ の定義と (2.22) を使って

$$\begin{aligned}
(\hat{\Pi}\hat{v})(\hat{x}) &= \sum_{j=1}^{\hat{N}} \hat{v}(\hat{P}_j)\hat{\phi}_j(\hat{x}) \\
&= \sum_{j=1}^{\hat{N}} v(F(\hat{P}_j))\hat{\phi}_j(\hat{x}) \\
&= \sum_{j=1}^{\hat{N}} v(P_{i(j)})\phi_{i(j)}(F(\hat{x})) \\
&= \sum_{i=1}^{N_p} v(P_i)\phi_i(F(\hat{x})) \\
&= (\Pi_h v)(F(\hat{x}))
\end{aligned}$$

が成立する．

$k \in \mathbf{N}_0$ として，k 次多項式の全体を

$$\mathcal{P}_k = \{\sum_{|\alpha| \leqq k} c_\alpha x_1^{\alpha_1} \cdots x_m^{\alpha_m}; \ c_\alpha \in \mathbf{R}, \ \alpha_i \in \mathbf{N}_0 \ (i=1,\cdots,m)\}$$

とおく．$\alpha = (\alpha_1, \cdots, \alpha_m)$ は多重指数である．

補題 2.5 $k \in \mathbf{N}_0$ で

$$\mathcal{P}_k \subset \hat{W} \tag{2.27}$$

なら，

§2.4 誤差評価

$$\hat{\Pi}\hat{q} = \hat{q} \qquad (\hat{q} \in \mathcal{P}_k)$$

が成立する.

[証明] $\hat{q} \in \mathcal{P}_k$ とすると (2.27) により

$$\hat{q} = \sum_{i=1}^{\hat{N}} c_i \hat{\phi}_i \tag{2.28}$$

と表現できる. ここに, $c_i \in \mathbf{R}$ である. (2.21) を使って

$$\hat{q}(\hat{P}_j) = \sum_{i=1}^{\hat{N}} c_i \hat{\phi}_i(\hat{P}_j)$$
$$= c_j$$

となるので, (2.28) に代入して

$$\hat{q} = \sum_{i=1}^{\hat{N}} \hat{q}(\hat{P}_i)\hat{\phi}_i$$
$$= \hat{\Pi}\hat{q}$$

が得られる. ∎

補題 2.6 $s \in \mathbf{N}_0$ とし,

$$\hat{W} \subset H^s(\hat{e}) \tag{2.29}$$

とする. $\ell > m/2$ なる整数 ℓ に対して

$$\hat{\Pi} \in \mathcal{L}(H^\ell(\hat{e}), H^s(\hat{e}))$$

が成立する.

[証明] $\hat{v} \in H^\ell(\hat{e})$ とし, Sobolev の埋蔵定理 2.5 を使うと

$$||\hat{\Pi}\hat{v}||_{s,2,\hat{e}} \leq \sum_{j=1}^{\hat{N}} |\hat{v}(\hat{P}_j)| ||\hat{\phi}_j||_{s,2,\hat{e}}$$
$$\leq \sum_{j=1}^{\hat{N}} ||\hat{v}||_{0,\infty,\hat{e}} ||\hat{\phi}_j||_{s,2,\hat{e}}$$
$$\leq c \{\sum_{j=1}^{\hat{N}} ||\hat{\phi}_j||_{s,2,\hat{e}}\} ||\hat{v}||_{\ell,2,\hat{e}}$$

が得られる. ここに, c は $\hat{v}$ に依存しない正定数である. ∎

例 2.6 例 2.5 のとき

$$\mathcal{P}_1 \subset \hat{W} \subset C^\infty(\hat{e})$$

である. したがって,

$$\hat{\Pi}\hat{q} = \hat{q} \qquad (\hat{q} \in \mathcal{P}_1)$$

$$\hat{\Pi} \in \mathcal{L}(H^\ell(\hat{e}), H^s(\hat{e})) \qquad (\ell \geqq 2,\ s \geqq 0)$$

が成立する. □

補題 2.7 $(\mathcal{T}_h, \{P_i^{(h)}, \phi_i^{(h)}\}_{i=1}^{N_p(h)})_{h\downarrow 0}$ を $\mathbf{R}^m$ の多面体領域 Ω の正則なアフィン同等有限要素分割列とする. 正定数 $c_\ell(\sigma, m), \ell = 1, 2$ が存在して, e を $\bigcup\{\mathcal{T}_h; h > 0\}$ の任意の要素とするとき,

$$|\det J_F| \leqq h_e^m, \qquad |\det J_{F^{-1}}| \leqq c_1 h_e^{-m} \qquad (2.30)$$

$$\left|\frac{\partial F_i}{\partial \hat{x}_j}\right| \leqq h_e, \quad \left|\frac{\partial F_j^{-1}}{\partial x_i}\right| \leqq c_2 h_e^{-1} \qquad (i, j = 1, \cdots, m) \qquad (2.31)$$

が成立する. ここに, F は $\hat{e}$ を e に移すアフィン写像, F^{-1} はその逆写像, $J_F, J_{F^{-1}}$ はそれらの Jacobi 行列, $h_e = \text{diam}(e)$, σ は正則性の定義 2.5 に現れる正定数である.

[証明] 参照単体 $\hat{e}$ の体積は

$$\text{meas } \hat{e} = \frac{1}{m!}$$

であることと, 分割の正則性から,

$$\frac{1}{c_1} h_e^m \leqq \frac{\text{meas } e}{\text{meas } \hat{e}} \leqq h_e^m$$

を満たす正定数 $c_1(\sigma, m)$ が存在する. したがって, (2.30) が成立する. F_i は $\hat{x}$ の 1 次式であり, $\hat{x}_j$ が単位量変化するとき F_i の変化量は h_e 以下なので, (2.31) の第 1 式が得られる. $\dfrac{\partial F_j^{-1}}{\partial x_i}$ は Jacobi 行列

$$J_F = \left[\frac{\partial F_i}{\partial \hat{x}_j}\right]$$

の逆行列の (j, i) 成分である.

$$|\det J_F| \geqq \frac{1}{c_1} h_e^m$$

と (2.31) の第 1 式から第 2 式が得られる. ■

(c) 補間誤差評価

補題 2.8 Ω を $\mathbf{R}^m$ の有界領域, その境界は区分的に滑らかであるとする.

§2.4 誤差評価

$p \in [1, +\infty]$ とする．任意の $k \in \mathbf{N}_0$ に対してある正定数 c が存在し，

$$\inf\{\|v+q\|_{k+1,p,\Omega}; q \in \mathcal{P}_k\} \leqq c|v|_{k+1,p,\Omega} \qquad (v \in W^{k+1,p}(\Omega)) \qquad (2.32)$$

が成立する．

[証明] 背理法により証明する．そのような正定数 c が存在しないと仮定すると，$W^{k+1,p}(\Omega)$ の列 $\{v_n\}_{n=1}^{+\infty}$ で

$$\inf\{\|v_n+q\|_{k+1,p,\Omega}; q \in \mathcal{P}_k\} = 1 \qquad (2.33)$$
$$|v_n|_{k+1,p,\Omega} \to 0 \qquad (n \to +\infty) \qquad (2.34)$$

なるものが存在する．したがって，$\mathcal{P}_k$ の列 $\{q_n\}_{n=1}^{+\infty}$ を

$$1 \leqq \|v_n + q_n\|_{k+1,p,\Omega} \leqq 2$$

となるように選ぶことができる．$u_n = v_n + q_n$ とおくと，(2.34) から

$$|u_n|_{k+1,p,\Omega} \to 0 \qquad (n \to +\infty) \qquad (2.35)$$

である．$\{u_n\}_{n=1}^{+\infty}$ は $W^{k+1,p}(\Omega)$ の有界列なので，系2.2により，$W^{k,p}(\Omega)$ での収束列を選び出すことができる．その列をあらためて $\{u_n\}_{n=1}^{+\infty}$ と書くことにする．(2.35) を考慮すれば $\{u_n\}_{n=1}^{+\infty}$ は $W^{k+1,p}(\Omega)$ の収束列になっているので，$W^{k+1,p}(\Omega)$ のある元 u_0 に収束する．このとき，(2.35) より

$$|u_0|_{k+1,p,\Omega} = 0$$

であるので，$u_0 \in \mathcal{P}_k$ である．一方，任意の正数 ϵ に対して，ある n が存在し

$$\|u_n - u_0\|_{k+1,p,\Omega} < \epsilon$$

とできる．q を任意の $\mathcal{P}_k$ の元として，

$$\|u_0 + q\|_{k+1,p,\Omega} \geqq \|u_n + q\|_{k+1,p,\Omega} - \|u_n - u_0\|_{k+1,p,\Omega}$$
$$\geqq \|v_n + q_n + q\|_{k+1,p,\Omega} - \epsilon$$

が成立する．q に関する下限をとり (2.33) を使うと

$$\inf\{\|u_0 + q\|_{k+1,p,\Omega}; q \in \mathcal{P}_k\} \geqq \inf\{\|v_n + q\|_{k+1,p,\Omega}; q \in \mathcal{P}_k\} - \epsilon$$
$$= 1 - \epsilon$$

が得られる．$u_0 \in \mathcal{P}_k$ だったので左辺は 0 でなければならないので矛盾である． ■

$\mathcal{P}_k$ は $W^{k+1,p}(\Omega)$ の閉部分空間なので商空間 $W^{k+1,p}(\Omega)/\mathcal{P}_k$ を考えることができる．(2.32) の左辺はそのノルム $\|[v]\|$ に他ならない．明らかに

$$|v|_{k+1,p,\Omega} \leqq \inf\{\|v+q\|_{k+1,p,\Omega}; q \in \mathcal{P}_k\}$$

系 2.4 商空間 $W^{k+1,p}(\Omega)/\mathcal{P}_k$ で $|v|_{k+1,p,\Omega}$ と $|||v|||$ は同等なノルムである. □

定理 2.8 $(\mathcal{T}_h, \{P_i^{(h)}, \phi_i^{(h)}\}_{i=1}^{N_p(h)})_{h\downarrow 0}$ を $\mathbf{R}^m$ の多面体領域 Ω の正則なアフィン同等有限要素分割列とする. $k, \ell \in \mathbf{N}_0$ が存在して,

$$k + 1 > \frac{m}{2} \tag{2.36}$$

であり, 参照要素の基底関数 $\{\hat{\phi}_j\}_{j=1}^{\hat{N}}$ で張られる空間 $\hat{W}$ は

$$\mathcal{P}_k \subset \hat{W} \subset H^\ell(\hat{e}) \tag{2.37}$$

を満たしていると仮定する. このとき, h に依存しない正定数 c が存在し, 任意の $v \in H^{k+1}(\Omega)$, $e \in \mathcal{T}_h$, $h > 0$ に対して

$$|v - \Pi_h v|_{s,2,e} \leqq c h_e^{k+1-s} |v|_{k+1,2,e} \quad (0 \leqq s \leqq \min\{k+1, \ell\}) \tag{2.38}$$

が成立する. □

系 2.5 定理 2.8 の仮定の下で, $\ell \geqq 1$ であり, 基底関数 $\phi_i^{(h)}$ は

$$\phi_i^{(h)} \in C(\bar{\Omega}) \qquad (\forall i, \forall h)$$

であるとする. このとき,

$$|v - \Pi_h v|_{s,2,\Omega} \leqq c h^{k+1-s} |v|_{k+1,2,\Omega} \quad (s = 0, 1) \tag{2.39}$$

が成立する.

[証明] P_i を要素分割 $\mathcal{T}_h$ に現れる任意の節点とする. (2.24), (2.37) から, $\phi_i^{(h)}$ を要素 e に制限した関数 $\phi_i^{(h)}|_e$ は

$$\phi_i^{(h)}|_e \in H^1(e) \qquad (e \in \mathcal{T}_h)$$

である. $\phi_i^{(h)} \in C(\bar{\Omega})$ なので定理 2.3 により, $\phi_i^{(h)} \in H^1(\Omega)$ となる. したがって, $\Pi_h v \in H^1(\Omega)$ となるので, (2.38) で $s = 0, 1$ として

$$|v - \Pi_h v|_{s,2,\Omega} = \left\{\sum_e |v - \Pi_h v|_{s,2,e}^2\right\}^{1/2}$$

$$\leqq c h^{k+1-s} \left\{\sum_e |v|_{k+1,2,e}^2\right\}^{1/2}$$

$$= c h^{k+1-s} |v|_{k+1,2,\Omega}$$

が得られる. ∎

[定理 2.8 の証明] $v \in H^{k+1}(\Omega)$ とする. 以下で c は h, v に依存しない正定

数で，現れるごとに異なる値をとり得るものとする．$e \in \mathcal{T}_h$ を任意の要素とし，参照要素 $\hat{e}$ から e へのアフィン写像を F とする．$\hat{q}$ を $\mathcal{P}_k$ の任意の元とする．

$$\frac{\partial}{\partial x_i} = \sum_{j=1}^{m} \frac{\partial \hat{x}_j}{\partial x_i} \frac{\partial}{\partial \hat{x}_j}$$

なることと，補題 2.4, 2.5, 2.6, 2.7 を使うと

$$\begin{aligned}
|v - \Pi_h v|_{s,2,e}^2 &= \sum_{|\alpha|=s} \int_e |D_x^\alpha (v - \Pi_h v)|^2 \mathrm{d}x \\
&\leq c h_e^{-2s} \sum_{|\alpha|=s} \int_{\hat{e}} |D_{\hat{x}}^\alpha (\hat{v} - \hat{\Pi}\hat{v})|^2 |\det J_F| \mathrm{d}\hat{x} \\
&\leq c h_e^{-2s+m} |(\hat{I} - \hat{\Pi})\hat{v}|_{s,2,\hat{e}}^2 \\
&= c h_e^{-2s+m} |(\hat{I} - \hat{\Pi})(\hat{v} - \hat{q})|_{s,2,\hat{e}}^2 \\
&\leq c h_e^{-2s+m} \|\hat{I} - \hat{\Pi}\|_{\mathcal{L}(H^{k+1}(\hat{e}), H^s(\hat{e}))}^2 \|\hat{v} - \hat{q}\|_{k+1,2,\hat{e}}^2
\end{aligned}$$

となる．ここに，$\hat{I}$ は恒等写像である．$k+1 \geq s$ なので

$$\|\hat{I}\|_{\mathcal{L}(H^{k+1}(\hat{e}), H^s(\hat{e}))} = 1$$

であり，$k+1 > m/2$ なので補題 2.6 により

$$\|\hat{\Pi}\|_{\mathcal{L}(H^{k+1}(\hat{e}), H^s(\hat{e}))} \leq c$$

である．$\hat{q}$ に関する下限をとって補題 2.8 を使い上と同様の評価を行うと

$$\begin{aligned}
|v - \Pi_h v|_{s,2,e}^2 &\leq c h_e^{-2s+m} |\hat{v}|_{k+1,2,\hat{e}}^2 \\
&\leq c h_e^{-2s+m} \sum_{|\alpha|=k+1} \int_{\hat{e}} |D_{\hat{x}}^\alpha \hat{v}|^2 \mathrm{d}\hat{x} \\
&\leq c h_e^{2(k+1-s)+m} \sum_{|\alpha|=k+1} \int_e |D_x^\alpha v|^2 |\det J_{F^{-1}}| \mathrm{d}x \\
&\leq c h_e^{2(k+1-s)} |v|_{k+1,2,e}^2
\end{aligned}$$

となるので，両辺の平方根をとれば (2.38) が得られる．∎

例 2.7 例 2.5, 2.6 を考える．このとき，$\phi_i^{(h)} \in C(\bar{\Omega})$ なので系 2.5 により，$k = 1$ として

$$\|v - \Pi_h v\|_{s,2,\Omega} \leq c h^{2-s} |v|_{2,2,\Omega} \qquad (v \in H^2(\Omega), \ s = 0, 1)$$

が成立する． □

(d) 有限要素解の誤差評価

定理 2.9 m 次元多面体領域 Ω の正則なアフィン同等有限要素分割列

$$(\mathcal{T}_h, \{P_i, \phi_i\}_{i=1}^{N_p(h)})_{h\downarrow 0}$$

を考える. $k \in \mathbf{N}_0, \ell = 1$ として, (2.36), (2.37) が成立しているとする. $\phi_i \in C(\bar{\Omega})$ であるとする. $P_i (i = 1, \cdots, N)$ を $\Omega \cup \Gamma_1$ 上の節点とし

$$V_h = \left\{ v_h = \sum_{j=1}^{N} c_j \phi_j; \quad c_j \in \mathbf{R}, \ \forall j \right\} \tag{2.40}$$

とおく. $\{u_h\}_{h\downarrow 0}$ を問題 (2.2)～(2.4) の対応する有限要素解の列とする. 厳密解 u が $u \in H^{k+1}(\Omega)$ であれば,

$$\|u - u_h\|_{1,2,\Omega} \leqq ch^k |u|_{k+1,2,\Omega}$$

が成立する. ここに, c は h, u に依存しない正定数である.

[証明] 以下の証明で c は h, u に依存しない正定数で場所により異なる値をとり得るものとする. Sobolev の埋蔵定理 2.5 から, $u \in C(\bar{\Omega})$ であるので, $\Pi_h u$ を考えることができる. ここに, Π_h は (2.26) で定義される補間作用素である. 基底関数 ϕ_i は $C(\bar{\Omega})$ に属しているので, $\Pi_h u \in H^1(\Omega)$ である. Γ_0 上の節点 P_i で $u(P_i) = 0$ なので,

$$\Pi_h u = \sum_{i=1}^{N} u(P_i) \phi_i \in V_h$$

となる. V に $H^1(\Omega)$ ノルムをいれると, 例 2.1 から a は強圧的双一次形式になるので, 補題 2.3, 系 2.5 により

$$\begin{aligned}
\|u - u_h\|_{1,2,\Omega} &\leqq c \ \inf\{\|u - v_h\|_{1,2,\Omega};\ v_h \in V_h\} \\
&\leqq c \|u - \Pi_h u\|_{1,2,\Omega} \\
&\leqq c(h^k + h^{k+1}) |u|_{k+1,2,\Omega} \\
&\leqq c h^k |u|_{k+1,2,\Omega}
\end{aligned}$$

が得られる. ∎

例 2.8 §2.1 で扱った Poisson 方程式の三角形 1 次要素による近似を考える. $\{\mathcal{T}_h\}_{h\downarrow 0}$ を正則な要素分割列とし, $\{u_h\}_{h\downarrow 0}$ を対応する解とする. $m = 2, k = 1$ として定理 2.9 により, $u \in H^2(\Omega)$ なら

$$\|u - u_h\|_{1,2,\Omega} \leqq ch|u|_{2,2,\Omega}$$

が成立する．この結果は，3 次元多面体領域 Ω を四面体 1 次要素による正則な要素分割列から得られる解 $\{u_h\}_{h\downarrow 0}$ に対しても成立する． □

(e) Aubin-Nitsche のトリック

V, H を $V \hookrightarrow H$ である実 Hilbert 空間とし，H の双対空間 H' は H に等しいとする．このとき，

$$V \hookrightarrow H = H' \hookrightarrow V' \tag{2.41}$$

となる．実際，$H' \hookrightarrow V'$ となることは，$f \in H'$, $v \in V$ として

$$|\langle f, v \rangle| \leqq \|f\|_{H'}\|v\|_H \leqq c\|f\|_{H'}\|v\|_V$$

が成立することから

$$\|f\|_{V'} \leqq c\|f\|_{H'}$$

が導けるからである．$u \in H$, $v \in V$ とすると，

$$_{V'}\langle u, v \rangle_V = {}_{H'}\langle u, v \rangle_H = (u, v)_H$$

であるので，とくに，$v \in V$ とすると

$$_{V'}\langle v, v \rangle_V = \|v\|_H^2 \tag{2.42}$$

となる．

a を $V \times V$ 上の双一次形式とし，$g \in V'$ とするとき，

$$a(v, w) = \langle g, v \rangle \quad (\forall v \in V) \tag{2.43}$$

を満たす $w \in V$ を求める問題を問題 (2.11) の **共役な問題** (adjoint problem) という．

定理 2.10 V, H は実 Hilbert 空間で，(2.41) を満たしているとする．$\{V_h\}_{h\downarrow 0}$ を V の有限次元部分空間列とする．任意の $f \in V'$ に対して問題 (2.11)，近似問題 (2.16) は一意解 u, u_h を持つとする．共役な問題 (2.43) に対して次の条件を満たす Banach 空間 $U(\hookrightarrow V)$ の存在を仮定する．

(1) 任意の $g \in H$ に対して一意に解 $w \in U$ が存在する．この対応は連続，すなわち，ある正定数 c_1 が存在して

$$\|w\|_U \leqq c_1\|g\|_H \tag{2.44}$$

である．

(2) 正定数 s, c_2 が存在し，

$$\inf\{\,\|w-v_h\|_V;\ v_h\in V_h\}\leqq c_2 h^s\|w\|_U \qquad (\forall w\in U) \qquad (2.45)$$

である.

このとき,
$$\|u-u_h\|_H \leqq c_1 c_2 \|a\| h^s \|u-u_h\|_V$$

が成立する.

[証明] $w\in U$ を共役問題
$$a(v,w)=\langle u-u_h,v\rangle \qquad (v\in V)$$

の解とする. v_h を V_h の任意の元とすると
$$\begin{aligned}\|u-u_h\|_H^2 &= \langle u-u_h,u-u_h\rangle \\ &= a(u-u_h,w) \\ &= a(u-u_h,w-v_h) \\ &\leqq \|a\|\|u-u_h\|_V\|w-v_h\|_V\end{aligned}$$

が成立する. したがって,
$$\begin{aligned}\|u-u_h\|_H^2 &\leqq \|a\|\|u-u_h\|_V \inf\{\,\|w-v_h\|_V;\ v_h\in V_h\} \\ &\leqq c_2\|a\|\|u-u_h\|_V h^s\|w\|_U \\ &\leqq c_1 c_2\|a\|\|u-u_h\|_V h^s\|u-u_h\|_H\end{aligned}$$

となり結果が得られる. ∎

双一次形式 a が Laplace 作用素など 2 階の微分作用素から導かれるときを考える. このとき, 解はデータより 2 回滑らかであることが期待できる. そこで, 変分問題 (2.11), 共役な変分問題 (2.43) がそれぞれ, $f\in L^2(\Omega)$, $g\in L^2(\Omega)$ に対して一意解 $u\in H^2(\Omega)$, $w\in H^2(\Omega)$ を持ち, この対応が連続のとき, これらの問題は**正則**であるという. 例えば, 問題 (2.2)〜(2.4) から導かれる変分問題は, 境界 Γ が滑らかで, $\Gamma_0=\Gamma$, あるいは, $\Gamma_1=\Gamma$ ($T=0$) のとき正則である. 2 次元凸多角形領域で $\Gamma_0=\Gamma$ のときも正則である. この事実を使って次の結果を得ることができる.

定理 2.11 Ω を 2 次元凸多角形領域, $\Gamma_0=\Gamma$ とする. $F\in L^2(\Omega)$ とし, u を問題 (2.2), (2.4) の解とする. 正則なアフィン同等有限要素分割列 ($\mathcal{T}_h$, $\{P_i^{(h)},\phi_i^{(h)}\}_{i=1}^{N_p^{(h)}}$)$_{h\downarrow 0}$ を考える. $k\in\mathbf{N}_0$, $\ell=1$ として, (2.36), (2.37) が成立しているとする. (2.40) により V_h を定め, $\{u_h\}_{h\downarrow 0}$ を対応する有限要素解の列と

する．このとき，h, u に依存しない正定数 c が存在して，$u \in H^{k+1}(\Omega)$ なら

$$\|u - u_h\|_{0,2,\Omega} \leq ch^{k+1}|u|_{k+1,2,\Omega}$$

が成立する．

［証明］ 変分問題は正則であるので，共役な問題の解 w に対して

$$\|w\|_{2,2,\Omega} \leq c_1 \|g\|_{0,2,\Omega}$$

が成立する．したがって，$U = H^2(\Omega), H = L^2(\Omega)$ とおいて，例 2.7に注意すると，定理 2.10の仮定が $s = 1$ として，すべて満たされ

$$\|u - u_h\|_{0,2,\Omega} \leq c_1 c_2 \|a\| |h| \|u - u_h\|_{1,2,\Omega}$$

が得られる．定理 2.9 を右辺の評価に使って結果を得ることができる． ∎

例 2.9 Ω を 2 次元凸多角形領域，$\Gamma = \Gamma_0$ とする．例 2.8 の解 $\{u_h\}_{h \downarrow 0}$ に対して，評価

$$\|u - u_h\|_{0,2,\Omega} \leq ch^2 |u|_{2,2,\Omega}$$

が成立する． □

§2.5 放物型問題

(a) 抽象的放物型問題

熱方程式 (1.24) などの具体的な放物型問題を考える前に，まず抽象的な枠組で問題を設定する．T を正定数，X を Banach 空間とする．$[0, T]$ から X への関数，

$$[0, T] \ni t \longmapsto v(t) \in X \tag{2.46}$$

として連続な関数の全体を $C([0, T]; X)$ と書く．この空間は

$$\|v\| = \max\{\|v(t)\|_X;\ t \in [0, T]\}$$

をノルムとする Banach 空間である．$k \in \mathbf{N}_0, p \in [1, +\infty]$ とする．関数 (2.46) が $W^{k,p}(0, T)$ に入るとき，その全体を $W^{k,p}(0, T; X)$ と書く．この空間は，

$$\|v\|_{W^{k,p}(0,T;X)} = \begin{cases} \left\{ \sum_{j=0}^{k} \left\| \dfrac{d^j v}{dt^j} \right\|_{L^p(0,T;X)}^p \right\}^{1/p} & (1 \leq p < +\infty) \\ \max\left\{ \left\| \dfrac{d^j v}{dt^j} \right\|_{L^\infty(0,T;X)};\ 0 \leq j \leq k \right\} & (p = +\infty) \end{cases}$$

をノルムとする Banach 空間である．ここに，

$$\|v\|_{L^p(0,T;X)} = \begin{cases} \left\{ \displaystyle\int_0^T \|v(t)\|_X^p \mathrm{d}t \right\}^{1/p} & (1 \leqq p < +\infty) \\ \mathrm{ess.sup}\,\{\|v(t)\|_X;\, t \in (0,T)\} & (p = +\infty) \end{cases}$$

である．X が Hilbert 空間のとき $H^k(0,T;X) = W^{k,2}(0,T;X)$ は Hilbert 空間である．

V, H を可分な Hilbert 空間，V は H で稠密であり (2.41) が成立しているとする．V' と V との双対積を $\langle \cdot, \cdot \rangle$，$H$ での内積を $(\cdot, \cdot)$，V のノルムを $\|\cdot\|$ で，H のノルムを $|\cdot|$ で表現する．a を $V \times V$ 上の連続な双一次形式で，強圧的かつ対称であるとする．このとき，$\|v\|$ と $\sqrt{a(v,v)}$ とは V 上の同等なノルムとなるのでこの節では

$$\|v\| = \sqrt{a(v,v)}$$

とおく．

$f \in L^2(0,T;V'),\ u^0 \in H$ が与えられたとき

$$\frac{\mathrm{d}}{\mathrm{d}t}(u(t),v) + a(u(t),v) = \langle f(t),v \rangle \quad (v \in V,\ \mathrm{a.e.}\, t \in [0,T]) \tag{2.47}$$

$$u(0) = u^0 \tag{2.48}$$

を満たす u を求める問題を考える．

補題 2.9 関数 u は

$$u \in L^\infty(0,T;H) \cap L^2(0,T;V) \tag{2.49}$$

であり，$\varphi(T) = 0$ である任意の $\varphi \in C^1[0,T]$ と $v \in V$ に対して

$$-\int_0^T (u(t),v)\frac{\mathrm{d}\varphi}{\mathrm{d}t}(t)\mathrm{d}t + \int_0^T a(u(t),v)\varphi(t)\mathrm{d}t$$
$$= \int_0^T \langle f(t),v \rangle \varphi(t)\mathrm{d}t + (u^0,v)\varphi(0) \tag{2.50}$$

が成立するなら，u は (2.47), (2.48) を満たす．

［証明］ (2.50) から $(0,T)$ 上の超関数の意味で

$$\left(\frac{\mathrm{d}u}{\mathrm{d}t}(t),v\right) + a(u(t),v) = \langle f(t),v \rangle \quad (v \in V)$$

が成立する．$a(u(t),\cdot), f(t) \in L^2(0,T;V')$ なので，a.e. t に対して等式が成立

し，(2.47) が得られる．

$$\left|\left(\frac{du}{dt}(t),v\right)\right| \leq |a(u(t),v)| + |\langle f(t),v\rangle|$$
$$\leq (\|a\|\,\|u(t)\| + \|f(t)\|_{V'})\,\|v\|$$

となるので

$$\left\|\frac{du}{dt}(t)\right\|_{V'} \leq \|a\|\,\|u(t)\| + \|f(t)\|_{V'} \in L^2(0,T)$$

である．したがって

$$\frac{du}{dt} \in L^2(0,T;V') \tag{2.51}$$

となるので，$(u(t),v) \in C[0,T]$ となり，(2.50) で部分積分を行なうと

$$(u(0),v)\varphi(0) = (u^0,v)\varphi(0) \quad (v \in V)$$

が得られるので，(2.48) が成立する． ■

定理 2.12 問題 (2.47), (2.48) の解 $u \in L^\infty(0,T;H) \cap L^2(0,T;V)$ は存在して，一意である． □

［証明］ 解の存在は，Galerkin 法を用いて示す．近似解を構成する手法に有限要素スキームを使うことにするので，その証明はあとまわしにする．

解の一意性を示す．(2.49) と，任意の $v \in V$ に対して

$$\left(\frac{du}{dt}(t),v\right) + a(u(t),v) = 0 \quad (\text{a.e. } t \in [0,T]) \tag{2.52}$$

が成立することと，初期条件 $u(0) = 0$ から $u = 0$ を示せばよい．

(2.51) を使うと

$$|u(t)|^2 = \langle u(t),u(t)\rangle \in C[0,T]$$

が得られる．実際

$$\frac{d}{dt}|u(t)|^2 = 2\langle u'(t),u(t)\rangle \in L^1(0,T)$$

となるからである．したがって，(2.52) に $v = u(t)$ を代入でき，t に関して積分すると

$$\frac{1}{2}|u(t)|^2 - \frac{1}{2}|u(0)|^2 + \int_0^t a(u(s),u(s))ds = 0$$

となる. 初期条件 $u(0) = 0$ と a の強圧性から $u(t) = 0, t \in [0,T]$ となる. ∎

(b) θ 法の安定性

$\tau > 0$ を時間刻みとし, $N_T = [T/\tau]$ とおく. V_h を V の有限次元部分空間とする. $\theta \in [0,1]$ を定める. $u_h^0 \in V_h$, $f^n \in V_h'$ $(n = 0, \cdots, N_T)$ が与えられたとき,

$$\frac{1}{\tau}\left(u_h^{n+1} - u_h^n, v_h\right) + a\left(u_h^{n+\theta}, v_h\right) = \langle f^{n+\theta}, v_h \rangle \tag{2.53}$$
$$(v_h \in V_h, \ n = 0, \cdots, N_T - 1)$$

で $u_h^n \in V_h$, $n = 1, \cdots, N_T$ を求める. ここに,
$$u_h^{n+\theta} = \theta u_h^{n+1} + (1-\theta)u_h^n, \quad f^{n+\theta} = \theta f^{n+1} + (1-\theta)f^n$$
である.

(2.53) を θ **法**という. §1.2(a) と同様に, $\theta = 0$ のとき, **前進 Euler 法**, $\theta = 1/2$ のとき, **Crank-Nicolson 法**, $\theta = 1$ のとき, **後退 Euler 法**という.

$\dim V_h = N$ として $\{\phi_i\}_{i=1}^N$ を V_h の基底とする.

$$u_h^n = \sum_{i=1}^N u_i^n \phi_i, \quad \boldsymbol{u}^n = [u_1^n, \cdots, u_N^n]^\mathrm{T}$$

と表現すると, (2.53) は
$$(M + \theta\tau A)\boldsymbol{u}^{n+1} = \{M - (1-\theta)\tau A\}\boldsymbol{u}^n + \tau\{\theta \boldsymbol{f}^{n+1} + (1-\theta)\boldsymbol{f}^n\} \tag{2.54}$$
と書ける. ここに, M, A は
$$m_{ij} = (\phi_j, \phi_i), \quad a_{ij} = a(\phi_j, \phi_i) \tag{2.55}$$
である $N \times N$ 行列, $\boldsymbol{f}^n$ は
$$f_i^n = \langle f^n, \phi_i \rangle$$
である N ベクトルである.

補題 2.10 双一次形式 a が
$$a(v,v) \geqq 0 \quad (v \in V)$$
を満たせば θ 法は可解である.

[証明] 行列 $M + \theta\tau A, \theta \in [0,1]$, が正則であることを示せばよい. ある N ベクトル $\boldsymbol{v}$ が
$$(M + \theta\tau A)\boldsymbol{v} = 0$$

§2.5 放物型問題

を満たしているとする． $v_h = \sum_{i=1}^{N} v_i \phi_i$ とおいて,
$$|v_h|^2 = \boldsymbol{v}^{\mathrm{T}} M \boldsymbol{v}$$
$$= -\theta \boldsymbol{v}^{\mathrm{T}} A \boldsymbol{v}$$
$$= -\theta a(v_h, v_h)$$
$$\leqq 0$$

となるので $v_h = 0$ である．したがって，$\boldsymbol{v} = 0$ となるので，行列 $M + \theta \tau A$ は正則である． ∎

補題 2.10 により，a が強圧的なとき θ 法は可解である．

定義 2.7 $\{V_h\}_{h \downarrow 0}$ を V の有限次元部分空間列とする．ある正定数 c_0 が存在して

$$\|v_h\| \leqq \frac{c_0}{h} |v_h| \qquad (v_h \in V_h,\ h > 0) \tag{2.56}$$

となるとき，**逆不等式** (inverse inequality) が成立するという． □

定理 2.13 (θ 法の安定性) $\{V_h\}_{h \downarrow 0}$ を逆不等式 (2.56) を満たす V の有限次元部分空間列とする．時間刻み τ を，$0 \leqq \theta < 1/2$ のときは，$\delta \in (0,1)$ を任意に固定して

$$\tau \leqq \frac{2(1-\delta)}{(1-2\theta)c_0^2} h^2 \tag{2.57}$$

を満たすように，$1/2 \leqq \theta \leqq 1$ のときは任意に定める．このとき θ 法の解 u_h^n, $n = 0, \cdots, N_T$, に対して

$$|u_h^n|^2 \leqq \begin{cases} \dfrac{1}{\delta} \left\{ |u_h^0|^2 + \tau \sum_{k=0}^{n-1} \|f^{k+\theta}\|_{V_h'}^2 \right\} & (\theta \in [0, 1/2)) \\ |u_h^0|^2 + \tau \sum_{k=0}^{n-1} \|f^{k+\theta}\|_{V_h'}^2 & (\theta \in [1/2, 1]) \end{cases} \tag{2.58}$$

が成立する．

[証明] まず $\theta \in [0, 1/2)$ のときを考える．$v_h = (u_h^{n+1} + u_h^n)/2$ を (2.53) に代入して，等式

$$b \frac{b+a}{2} = \left(\frac{b}{2}\right)^2 - \left(\frac{a}{2}\right)^2 + \left(\frac{b+a}{2}\right)^2,$$

$$a \frac{b+a}{2} = -\left(\frac{b}{2}\right)^2 + \left(\frac{a}{2}\right)^2 + \left(\frac{b+a}{2}\right)^2$$

を使うと
$$\frac{1}{2\tau}(E_{n+1} - E_n) + \|u_h^{n+1/2}\|^2 \leq \frac{1}{2}\|f^{n+\theta}\|_{V_h'}^2 + \frac{1}{2}\|u_h^{n+1/2}\|^2$$
が得られる．ここに
$$E_n = |u_h^n|^2 + \left(\theta - \frac{1}{2}\right)\tau\|u_h^n\|^2$$
である．したがって
$$E_{n+1} + \tau\|u_h^{n+1/2}\|^2 \leq E_n + \tau\|f^{n+\theta}\|_{V_h'}^2$$
となる．n に関して，0 から $n-1$ までの和をとると
$$E_n + \tau\sum_{k=0}^{n-1}\|u_h^{k+1/2}\|^2 \leq E_0 + \tau\sum_{k=0}^{n-1}\|f^{k+\theta}\|_{V_h'}^2$$
$$\leq |u_h^0|^2 + \tau\sum_{k=0}^{n-1}\|f^{k+\theta}\|_{V_h'}^2$$
が得られる．(2.56), (2.57) から
$$E_n \geq |u_h^n|^2 - \left(\frac{1}{2} - \theta\right)\tau\frac{c_0^2}{h^2}|u_h^n|^2$$
$$\geq \delta|u_h^n|^2$$
となるので
$$|u_h^n|^2 \leq \frac{1}{\delta}\left\{|u_h^0|^2 + \tau\sum_{k=0}^{n-1}\|f^{k+\theta}\|_{V_h'}^2\right\}$$
が得られる．

$\theta \in [1/2, 1]$ のときは，$v_h = \theta u_h^{n+1} + (1-\theta)u_h^n$ を (2.53) に代入して類似の計算を行うと
$$|u_h^n|^2 + (2\theta - 1)\sum_{k=0}^{n-1}|u_h^{k+1} - u_h^k|^2 + \tau\sum_{k=0}^{n-1}\|u_h^{k+\theta}\|^2$$
$$\leq |u_h^0|^2 + \tau\sum_{k=0}^{n-1}\|f^{k+\theta}\|_{V_h'}^2 \qquad (2.59)$$
が得られる．したがって (2.58) が成立する． ∎

［定理 2.12 の解の存在証明］ V の稠密な可算個の基底を，$\{\phi_j\}_{j=1}^{+\infty}$ とする．

$h = 1/N$ とおき (2.15) により V_h を定める. (2.53) で $\theta = 1$ とおいた後退 Euler 法を考える. このとき任意の $\tau > 0$ に対して安定であるが, 収束性の議論を考慮して, $\tau = \tau(h)$ を, $\tau \leqq h$ で T/τ が整数になるように定めることにする.

$$f^n = \frac{1}{\tau} \int_{(n-1)\tau}^{n\tau} f(t) \mathrm{d}t \qquad (n = 1, \cdots, N_T)$$

とおく. $u^0 \in H$ であり, V は H で稠密なので $u_h^0 \in V_h$ を

$$|u_h^0 - u^0| \to 0 \qquad (h \downarrow 0)$$

となるように選ぶことができる. この u_h^0 を (2.53) の初期条件とする. 定理 2.13 により後退 Euler 法の解 u_h^n は安定に解け, (2.59) と初期条件の選び方から

$$\max\{|u_h^n|;\ n = 0, \cdots, N_T\},$$

$$\left\{\tau \sum_{k=0}^{N_T-1} \|u_h^{k+1}\|^2\right\}^{1/2}, \quad \left\{\sum_{k=0}^{N_T-1} |u_h^{k+1} - u_h^k|^2\right\}^{1/2} \leqq M \quad (2.60)$$

が成立する. ここに, M は h に依存しない正定数である. u_h^n を使って $[0,T]$ で定義される関数 u_{1h}, u_{2h} を

$$u_{1h}(t) = \frac{t - t_k}{\tau} u_h^{k+1} + \frac{t_{k+1} - t}{\tau} u_h^k, \quad u_{2h}(t) = u_h^{k+1} \quad (t \in [t_k, t_{k+1}])$$

で決める. (2.60) から

$$\|u_{1h}\|_{L^\infty(0,T;H)}, \|u_{2h}\|_{L^2(0,T;V)} \leqq M$$

なので, $\{u_{1h}\}_{h \downarrow 0}, \{u_{2h}\}_{h \downarrow 0}$ はそれぞれ $L^\infty(0,T;H), L^2(0,T;V)$ の有界列である. したがって, $u_1 \in L^\infty(0,T;H), u_2 \in L^2(0,T;V)$ が存在し

$$w^* - \lim_{h \downarrow 0} u_{1h} = u_1, \quad w - \lim_{h \downarrow 0} u_{2h} = u_2 \qquad (2.61)$$

である. 一方, u_{1h}, u_{2h} の作り方から

$$|u_{1h}(t) - u_{2h}(t)| \leqq \frac{1}{2} |u_h^{k+1} - u_h^k| \qquad (t \in [t_k, t_{k+1}])$$

なので

$$\|u_{1h} - u_{2h}\|_{L^2(0,T;H)} \leqq \left\{\frac{\tau}{4} \sum_{k=0}^{N_T-1} |u_h^{k+1} - u_h^k|^2\right\}^{1/2}$$

$$\leqq \frac{\sqrt{\tau}}{2} M$$

となるので，$h \downarrow 0$ として $u_1 = u_2$ であることがわかる．$u = u_1 = u_2$ とおくと (2.61) から (2.49) が得られる．$v_{h^*} \in V_{h^*}$ を任意に固定すると，$h \leqq h^*$ に対して後退 Euler 法 (2.53) は

$$\left(\frac{\mathrm{d}u_{1h}}{\mathrm{d}t}(t), v_{h^*}\right) + a(u_{2h}(t), v_{h^*}) = \langle f^{k+1}, v_{h^*}\rangle \qquad (t \in (t_k, t_{k+1}))$$

と書ける．$\varphi \in C^1[0, T]$ で $\varphi(T) = 0$ を満たす任意の関数をかけて $[t_k, t_{k+1}]$ で積分する．左辺第 1 項は

$$\int_{t_k}^{t_{k+1}} \left(\frac{\mathrm{d}u_{1h}}{\mathrm{d}t}(t), v_{h^*}\right) \varphi(t) \mathrm{d}t$$
$$= -\int_{t_k}^{t_{k+1}} (u_{1h}(t), v_{h^*}) \frac{\mathrm{d}\varphi}{\mathrm{d}t}(t) \mathrm{d}t + [(u_{1h}(t), v_{h^*})\varphi(t)]_{t_k}^{t_{k+1}}$$

と変形し，右辺は

$$\int_{t_k}^{t_{k+1}} \langle f^{k+1}, v_{h^*}\rangle \varphi(t) \mathrm{d}t = \frac{1}{\tau} \int_{t_k}^{t_{k+1}} \langle f(s), v_{h^*}\rangle \mathrm{d}s \int_{t_k}^{t_{k+1}} \varphi(t) \mathrm{d}t$$
$$= \int_{t_k}^{t_{k+1}} \langle f(s), v_{h^*}\rangle \varphi(s) \mathrm{d}s + \int_{t_k}^{t_{k+1}} \langle f(s), v_{h^*}\rangle \varepsilon(s) \mathrm{d}s$$

と変形できる．ここに

$$\varepsilon(s) = \int_{t_k}^{t_{k+1}} \frac{\varphi(t) - \varphi(s)}{\tau} \mathrm{d}t \qquad (s \in [t_k, t_{k+1}])$$

である．これらの項を k に関して足し合わせると

$$-\int_0^T (u_{1h}(t), v_{h^*}) \frac{\mathrm{d}\varphi}{\mathrm{d}t}(t) \mathrm{d}t - (u_h^0, v_{h^*})\varphi(0) + \int_0^T a(u_{2h}(t), v_{h^*})\varphi(t) \mathrm{d}t$$
$$= \int_0^T \langle f(t), v_{h^*}\rangle \varphi(t) \mathrm{d}t + \int_0^T \langle f(t), v_{h^*}\rangle \varepsilon(t) \mathrm{d}t$$

となる．関数 ε は

$$\max\{|\varepsilon(t)|;\ t \in [0, T]\} \leqq \tau \max\left\{\left|\frac{\mathrm{d}\varphi}{\mathrm{d}t}(t)\right|;\ t \in [0, T]\right\}$$

を満たしていることと，(2.61) と初期条件の選び方から，$h \downarrow 0$ として

$$-\int_0^T (u(t), v_{h^*}) \frac{\mathrm{d}\varphi}{\mathrm{d}t}(t)\mathrm{d}t - (u^0, v_{h^*})\varphi(0) + \int_0^T a(u(t), v_{h^*})\varphi(t)\mathrm{d}t$$
$$= \int_0^T \langle f(t), v_{h^*}\rangle \varphi(t)\mathrm{d}t$$

が得られる.任意の $v \in V$ に対して,$\|v_{h^*} - v\| \to 0 \ (h^* \downarrow 0)$ となる $\{v_{h^*}\}$ が存在するので,上の式で $h^* \downarrow 0$ として (2.50) が得られる. ∎

(c) 誤差評価

P_h を V から V_h への直交射影とする.すなわち,$u \in V$ に対して

$$a(u_h, v_h) = a(u, v_h) \qquad (\forall v_h \in V_h) \tag{2.62}$$

を満たす $u_h \in V_h$ を $P_h u$ と定義する.

定理 2.14 問題 (2.47), (2.48) の解 u は

$$u \in H^2(0, T; V') \cap C([0, T]; V) \tag{2.63}$$

であるとする.u_h を定理 2.13 の条件の下で得られる θ 法の解とする.ただし,

$$f^n = f(n\tau) \qquad (n = 0, \cdots, N_T) \tag{2.64}$$

とおく.このとき,h, τ に依存しない正定数 c が存在して

$$\max\left\{|u_h^n - u(n\tau)|;\ 0 \leqq n \leqq N_T\right\}$$
$$\leqq c\bigg\{|u_h^0 - P_h u^0| + \tau \|u\|_{H^2(0,T;V_h')}$$
$$+ \|(I - P_h)\frac{\mathrm{d}u}{\mathrm{d}t}\|_{L^2(0,T;V_h')} + \|(I - P_h)u\|_{C([0,T];H)}\bigg\} \tag{2.65}$$

が成立する.$\theta = 1/2$ のときは,

$$u \in H^3(0, T; V') \cap C([0, t]; V) \tag{2.66}$$

の条件の下で

$$\max\left\{|u_h^n - u(n\tau)|;\ 0 \leqq n \leqq N_T\right\}$$
$$\leqq c\bigg\{|u_h^0 - P_h u^0| + \tau^2 \|u\|_{H^3(0,T;V_h')}$$
$$+ \|(I - P_h)\frac{\mathrm{d}u}{\mathrm{d}t}\|_{L^2(0,T;V_h')} + \|(I - P_h)u\|_{C([0,T];H)}\bigg\} \tag{2.67}$$

が成立する.

[証明] u に対する仮定から

$$f(t) = \frac{\mathrm{d}u}{\mathrm{d}t}(t) + a(u(t), \cdot) \in C([0, T]; V')$$

となるので，(2.64) で決まる f^n は $f_n \in V_h'$ になっている．直交射影 P_h を使って

$$e_h^n = u_h^n - P_h u(n\tau) \qquad (n = 0, \cdots, N_T)$$

とおく．$\{e_h^n\}$ は，

$$\frac{1}{\tau}(e_h^{n+1} - e_h^n, v_h) + a(\theta e_h^{n+1} + (1-\theta)e_h^n, v_h) = \langle \varepsilon^n, v_h \rangle \quad (v_h \in V_h)$$

を満たしている．ここに

$$\langle \varepsilon^n, v_h \rangle = \left(\theta \frac{\mathrm{d}u}{\mathrm{d}t}(t_{n+1}) + (1-\theta) \frac{\mathrm{d}u}{\mathrm{d}t}(t_n), v_h \right)$$
$$- \frac{1}{\tau}(P_h u(t_{n+1}) - P_h u(t_n), v_h) \tag{2.68}$$

である．定理 2.13 から

$$\max\{|e_h^n|;\ 0 \leqq n \leqq N_T\} \leqq c \left(|e_h^0| + \left\{ \tau \sum_{n=0}^{N_T-1} \|\varepsilon^n\|_{V_h'}^2 \right\}^{1/2} \right) \tag{2.69}$$

が成立する．一方

$$\langle \varepsilon^n, v_h \rangle = \left(\theta \frac{\mathrm{d}u}{\mathrm{d}t}(t_{n+1}) + (1-\theta)\frac{\mathrm{d}u}{\mathrm{d}t}(t_n) - \frac{1}{\tau}(u(t_{n+1}) - u(t_n)), v_h \right)$$
$$+ \frac{1}{\tau} \int_{t_n}^{t_{n+1}} \left((I - P_h)\frac{\mathrm{d}u}{\mathrm{d}t}(s), v_h \right) \mathrm{d}s$$
$$= \left(\frac{1}{\tau} \int_{t_n}^{t_{n+1}} \{s - (1-\theta)t_{n+1} - \theta t_n\} \frac{\mathrm{d}^2 u}{\mathrm{d}t^2}(s)\mathrm{d}s, v_h \right)$$
$$+ \left(\frac{1}{\tau} \int_{t_n}^{t_{n+1}} (I - P_h)\frac{\mathrm{d}u}{\mathrm{d}t}(s)\mathrm{d}s, v_h \right)$$
$$\leqq \left\{ \frac{\tau}{2} \int_{t_n}^{t_{n+1}} \|\frac{\mathrm{d}^2 u}{\mathrm{d}t^2}(s)\|_{V_h'}^2 \mathrm{d}s \right\}^{1/2} \|v_h\|$$
$$+ \left\{ \frac{1}{\tau} \int_{t_n}^{t_{n+1}} \|(I - P_h)\frac{\mathrm{d}u}{\mathrm{d}t}(s)\|_{V_h'}^2 \right\}^{1/2} \|v_h\|$$

となるので

§2.5 放物型問題

$$\|\varepsilon^n\|_{V_h'} \leqq \left\{\frac{\tau}{2}\int_{t_n}^{t_{n+1}}\|\frac{\mathrm{d}^2 u}{\mathrm{d}t^2}(s)\|_{V_h'}^2\mathrm{d}s\right\}^{1/2} + \left\{\frac{1}{\tau}\int_{t_n}^{t_{n+1}}\|(I-P_h)\frac{\mathrm{d}u}{\mathrm{d}t}(s)\|_{V_h'}^2\mathrm{d}s\right\}^{1/2}$$

となり，(2.69) に代入して

$$|u_h^n - u(n\tau)| \leqq |u_h^n - P_h u(n\tau)| + |(I - P_h)u(n\tau)|$$

を使うと (2.65) が得られる．$\theta = 1/2$ のときは，

$$\left(\frac{1}{\tau}\int_{t_n}^{t_{n+1}}\left(s - \frac{t_{n+1}+t_n}{2}\right)\frac{\mathrm{d}^2 u}{\mathrm{d}t^2}(s)\mathrm{d}s, v_h\right)$$
$$= \left(\frac{1}{\tau}\int_{t_n}^{t_{n+1}}\left(s - \frac{t_{n+1}+t_n}{2}\right)\left\{\frac{\mathrm{d}^2 u}{\mathrm{d}t^2}(s) - \frac{\mathrm{d}^2 u}{\mathrm{d}t^2}\left(\frac{t_{n+1}+t_n}{2}\right)\right\}\mathrm{d}s, v_h\right)$$
$$\leqq \left\{\frac{\tau^3}{16}\int_{t_n}^{t_{n+1}}\|\frac{\mathrm{d}^3 u}{\mathrm{d}t^3}(s)\|_{V_h'}^2\mathrm{d}s\right\}^{1/2}\|v_h\|$$

を使うと (2.67) が得られる． ∎

§2.4 の Aubin–Nitsche のトリックを使うと次の定理が得られる．

定理 2.15 定理 2.14 の仮定に加えて，$u \in C^1([0,T];V)$ と定理 2.10 の条件を満たす Banach 空間 U の存在を仮定する．このとき，h, τ に依存しない正定数 c が存在して

$$\max\{|u_h^n - u(n\tau)|;\ 0 \leqq n \leqq N_T\}$$
$$\leqq c\left\{|u_h^0 - P_h u^0| + \tau\|u\|_{H^2(0,T;V')} + h^s\|(I-P_h)u\|_{C^1([0,T];V)}\right\}$$

が成立する．$\theta = 1/2$ のときは，

$$\max\{|u_h^n - u(n\tau)|;\ 0 \leqq n \leqq N_T\}$$
$$\leqq c\left\{|u_h^0 - P_h u^0| + \tau^2\|u\|_{H^3(0,T;V')} + h^s\|(I-P_h)u\|_{C^1([0,T];V)}\right\}$$

が成立する．

［証明］ 定理 2.10 を使うと，

$$\|(I-P_h)\frac{\mathrm{d}u}{\mathrm{d}t}(t)\|_{V_h'} \leqq |(I-P_h)\frac{\mathrm{d}u}{\mathrm{d}t}(t)|$$
$$\leqq ch^s\|(I-P_h)\frac{\mathrm{d}u}{\mathrm{d}t}(t)\|$$

が成立する．定理 2.14 により結果を得る． ∎

(d) 熱方程式の有限要素近似

§2.2 の Poisson 方程式を非定常にした問題

$$\frac{\partial u}{\partial t} - \Delta u = F \qquad (x \in \Omega,\ t \in (0, T)) \qquad (2.70)$$

$$\frac{\partial u}{\partial n} = G \qquad (x \in \Gamma_1,\ t \in (0, T)) \qquad (2.71)$$

$$u = 0 \qquad (x \in \Gamma_0,\ t \in (0, T)) \qquad (2.72)$$

$$u = u^0 \qquad (x \in \Omega,\ t = 0) \qquad (2.73)$$

を考える.ただし,記号の重複をさけるために,(2.71) では G を用いている.ここに T は正定数であり,$\Omega \times (0, T)$ で定義された関数 $u = u(x, t)$ を求める問題である.偏微分方程式 (2.70) を熱方程式ということは第 1 章と同じである.関数 F, G は与えられたデータ

$$F \in L^2(0, T; L^2(\Omega)), \quad G \in L^2(0, T; L^2(\Gamma_1)), \quad u^0 \in L^2(\Omega) \qquad (2.74)$$

である.(2.5) により Hilbert 空間 V を定義し,$H = L^2(\Omega)$ とおく.V の任意の関数 v を (2.70) にかけて Ω で積分すると,§2.2 と同様の変形をして

$$\frac{\mathrm{d}}{\mathrm{d}t}(u(t), v) + a(u(t), v) = \langle f(t), v \rangle$$

が得られる.ここに,$(\cdot, \cdot)$ は L^2 内積であり,a, f は (2.7), (2.8) (T を G で置き換える) で定義されている.このようにして熱方程式は (2.47) の問題に帰着される.

$H^1(\Omega), L^2(\Omega)$ は可分な Hilbert 空間であり,(2.41) が成立している.したがって §2.5 の初めに仮定した条件はすべて満たされる.V のノルムは

$$\|v\| = \int_\Omega |\operatorname{grad} v|^2 \mathrm{d}x$$

となる.定理 2.12 により問題 (2.70)〜(2.73) は解 $u \in L^2(0, T; V) \cap L^\infty(0, T; H)$ を持ち,一意である.

空間方向の近似には §2.2 で示した有限要素近似を,時間方向の近似には差分近似を使う.要素分割,節点,基底関数を $(\mathcal{T}_h, \{P_i, \phi_i\}_{i=1}^{N_p})$ とし V_h を (2.40) で定める.時間刻みを τ とし,θ 法 (2.53) を考える.まず,条件 (2.56) を調べる.

§2.5 放物型問題

定義 2.8 分割列 $\{\mathcal{T}_h\}_{h\downarrow 0}$ が**一様正則** (uniformly regular) であるとは，正則な分割列であって，さらに，ある正定数 σ_0 が存在し，
$$\rho(e) \geqq \sigma_0 h \qquad (\forall e \in \mathcal{T}_h, \forall h)$$
が成立するときをいう． □

h は分割 $\mathcal{T}_h$ に現れる最大要素直径だったので，一様正則分割列では
$$\sigma_0 h \leqq \rho(e) \leqq h(e) \leqq h \qquad (\forall e \in \mathcal{T}_h, \forall h) \tag{2.75}$$
が成立している．

補題 2.11 $\left(\mathcal{T}_h, \{P_i, \phi_i\}_{i=1}^{N_p(h)}\right)_{h\downarrow 0}$ を $\mathbf{R}^m$ の多面体領域 Ω の正則なアフィン同等要素分割列とし，W_h を (2.25) で定める．このとき，正定数 c_1 が存在して，
$$|v_h|_{1,2,e} \leqq \frac{c_1}{h_e} \|v_h\|_{0,2,e} \qquad (v_h \in W_h, \ e \in \mathcal{T}_h, \ h > 0) \tag{2.76}$$
が成立する．さらに，$\phi_i \in C(\bar{\Omega})$ で，分割列が一様正則なら正定数 c_0 が存在して
$$|v_h|_{1,2,\Omega} \leqq \frac{c_0}{h} \|v_h\|_{0,2,\Omega} \qquad (v_h \in W_h, \ h > 0) \tag{2.77}$$
が成立する．

［証明］この証明で c は h, v_h に依存しない正定数で，現れるごとに異なる値をとり得るものとする．F を参照要素 $\hat{e}$ から e へのアフィン写像とする．定理 2.8 の証明と同じ記号を使って，
$$\begin{aligned}
|v_h|_{1,2,e}^2 &= \sum_{|\alpha|=1} \int_e |D_x^\alpha v_h|^2 dx \\
&\leqq c h_e^{-2} \sum_{|\alpha|=1} \int_{\hat{e}} |D_{\hat{x}}^\alpha \hat{v}|^2 |\det J_F| d\hat{x} \\
&\leqq c h_e^{m-2} \sum_{|\alpha|=1} \int_{\hat{e}} |D_{\hat{x}}^\alpha \hat{v}|^2 d\hat{x}
\end{aligned} \tag{2.78}$$
が得られる．

関数 $\hat{v}$ を，$\hat{v} = \sum_{j=1}^{\hat{N}} \hat{v}_j \hat{\phi}_j$ と表現して
$$F_1(\hat{v}_1, \cdots, \hat{v}_{\hat{N}}) = \sum_{|\alpha|=1} \int_{\hat{e}} |D_{\hat{x}}^\alpha \hat{v}|^2 d\hat{x}$$
とおく．同様に

$$F_0(\hat{v}_1, \cdots, \hat{v}_{\hat{N}}) = \int_{\hat{e}} |\hat{v}|^2 \mathrm{d}\hat{x}$$

とおく．F_0, F_1 は $\{\hat{v}_i\}_{i=1}^{\hat{N}}$ の連続関数であり，

$$F_1(c\hat{v}_1, \cdots, c\hat{v}_{\hat{N}}) = c^2 F_1(\hat{v}_1, \cdots, \hat{v}_{\hat{N}}),$$
$$F_0(c\hat{v}_1, \cdots, c\hat{v}_{\hat{N}}) = c^2 F_0(\hat{v}_1, \cdots, \hat{v}_{\hat{N}}) \qquad (\forall c \geqq 0)$$

が成立する．したがって

$$\sup\left\{\frac{F_1(\hat{v}_1, \cdots, \hat{v}_{\hat{N}})}{F_0(\hat{v}_1, \cdots, \hat{v}_{\hat{N}})};\ \hat{v} \neq 0\right\} = \sup\left\{\frac{F_1(\hat{v}_1, \cdots, \hat{v}_{\hat{N}})}{F_0(\hat{v}_1, \cdots, \hat{v}_{\hat{N}})};\ \hat{v}_1^2 + \cdots + \hat{v}_{\hat{N}}^2 = 1\right\}$$
$$\leqq c$$

が成立する．ここで，分母 $F_0 > 0$ となることを使った．実際，$F_0(\hat{v}_1, \cdots, \hat{v}_{\hat{N}}) = 0$ とすると $\hat{v}(\hat{x}) = 0\ (\forall \hat{x})$ となり，$\hat{v}_1 = \hat{v}_2 = \cdots = \hat{v}_{\hat{N}} = 0$ が従うからである．したがって

$$\sum_{|\alpha|=1} \int_{\hat{e}} |\mathrm{D}_{\hat{x}}^{\alpha} \hat{v}|^2 \mathrm{d}\hat{x} \leqq c \int_{\hat{e}} |\hat{v}|^2 \mathrm{d}\hat{x}$$
$$= c \int_e |v|^2 |\det J_{F^{-1}}| \mathrm{d}x$$
$$\leqq c h_e^{-m} \int_e |v|^2 \mathrm{d}x$$
$$= c h_e^{-m} |v|_{0,2,e}^2$$

となり，(2.78) と合わせて (2.76) を得ることができる．この結果と (2.75) から

$$|v_h|_{1,2,\Omega}^2 = \sum_e |v_h|_{1,2,e}^2$$
$$\leqq \sum_e \frac{c_1^2}{h_e^2} \|v_h\|_{0,2,e}^2$$
$$\leqq \frac{c_1^2}{\sigma_0^2 h^2} \|v_h\|_{0,2,\Omega}^2$$

となり，(2.77) が得られる． ∎

したがって一様正則なアフィン同等要素分割列 $(\mathcal{T}_h, \{P_i, \phi_i\}_{i=1}^{N(h)})$ で $\phi_i \in C(\bar{\Omega})$ なら，仮定 (2.56) は成立する．

§2.5 放物型問題

$$F \in C([0,T]; L^2(\Omega)), \quad G \in C([0,T]; L^2(\Gamma_1)), \quad u^0 \in H^1(\Omega)$$

であるとし,

$$\langle f^n, v \rangle = \int_\Omega F(n\tau)v\,\mathrm{d}x + \int_{\Gamma_1} G(n\tau)v\,\mathrm{d}s, \quad u_h^0 = P_h u^0 \quad (2.79)$$

とおき, θ 法を考える.

定理 2.16 $\left(\mathcal{T}_h, \{P_i^{(h)}, \phi_i^{(h)}\}_{i=1}^{N_p(h)}\right)_{h\downarrow 0}$ を $\mathbf{R}^m$ の多面体領域 Ω の一様正則なアフィン同等有限要素分割列で, $k \in \mathbf{N}_0$, $\ell = 1$ として (2.36), (2.37) が成立しているとする. V_h を (2.40) により定める. (2.79) とおいて, θ 法 (2.53) の解を $\{u_h^n\}_{n=0}^{N_T}$ とする. ただし, $\theta \in [0, 1/2)$ のときは安定条件 (2.57) を仮定する. 問題 (2.70)〜(2.73) の解 u が

$$u \in C^1([0,T]; H^{k+1}(\Omega))$$

かつ, (2.63) を満たしているなら, 正定数 c が存在し,

$$\max\{|u_h^n - u(n\tau)|;\ 0 \leqq n \leqq N_T\}$$
$$\leqq c \left\{ h^k \|u\|_{C^1([0,T]; H^{k+1}(\Omega))} + \tau \|u\|_{H^2(0,T;V')} \right\}$$

が成立する. $\theta = 1/2$ で, 解 u がさらに (2.66) を満たしているなら,

$$\max\{|u_h^n - u(n\tau)|;\ 0 \leqq n \leqq N_T\}$$
$$\leqq c \left\{ h^k \|u\|_{C^1([0,T]; H^{k+1}(\Omega))} + \tau^2 \|u\|_{H^3(0,T;V')} \right\}$$

が成立する.

[証明] 定理 2.9 から直交射影 P_h は

$$\|(I - P_h)v\| \leqq ch^k |v|_{k+1,2,\Omega} \quad (v \in H^{k+1}(\Omega))$$

の評価を持つので

$$\|(I - P_h)\frac{\mathrm{d}u}{\mathrm{d}t}\|_{C([0,T];V_h')} \leqq \|(I - P_h)\frac{\mathrm{d}u}{\mathrm{d}t}\|_{C([0,T];L^2(\Omega))}$$
$$\leqq \|(I - P_h)\frac{\mathrm{d}u}{\mathrm{d}t}\|_{C([0,T];V)}$$
$$\leqq ch^k \|\frac{\mathrm{d}u}{\mathrm{d}t}\|_{C([0,T];H^{k+1}(\Omega))}$$

が成立する. 定理 2.14 から結果を得る. ∎

定理 2.17 Ω を $\mathbf{R}^2$ の凸多角形領域とし, $\Gamma = \Gamma_0$ とする. このとき定理 2.16

の仮定の下で,
$$\max\{|u_h^n - u(n\tau)|;\ 0 \leqq n \leqq N_T\}$$
$$\leqq c\left\{h^{k+1}\|u\|_{C^1([0,T];H^{k+1}(\Omega))} + \tau\|u\|_{H^2(0,T;V')}\right\}$$

が成立する. $\theta = 1/2$ のときは
$$\max\{|u_h^n - u(n\tau)|;\ 0 \leqq n \leqq N_T\}$$
$$\leqq c\left\{h^{k+1}\|u\|_{C^1([0,T];H^{k+1}(\Omega))} + \tau^2\|u\|_{H^3(0,T;V')}\right\}$$

が成立する.

[証明] Ω が $\mathbf{R}^2$ の多角形領域で, $\Gamma_1 = \emptyset$ のとき, Aubin–Nitsche のトリックが使えるので $s = 1$ として定理 2.15 から結果を得る. ∎

例 2.10 $\left(\mathcal{T}_h, \{P_i, \phi_i\}_{i=1}^{N_p(h)}\right)_{h\downarrow 0}$ を $\mathbf{R}^m$ $(m = 2, 3)$ の多面体領域 Ω の三角形 (または四面体) 1 次要素による一様正則な分割列とし, V_h を (2.40) により定める. $\{u_h^n\}_{n=0}^{N_T}$ を対応する θ 法の解とする. $\theta \in [0, 1/2)$ のときは安定条件 (2.57) を仮定する. 問題 (2.70)〜(2.73) の解 u が
$$u \in C^1([0,T]; H^2(\Omega)) \cap H^2(0,T; V')$$

なら
$$\max\{|u_h^n - u(n\tau)|;\ 0 \leqq n \leqq N_T\}$$
$$\leqq c\left\{h\|u\|_{C^1([0,T];H^2(\Omega))} + \tau\|u\|_{H^2(0,T;V')}\right\}$$

が成立する. $\theta = 1/2$ でさらに解 u が
$$u \in H^3(0,T; V')$$

を満たしているなら
$$\max\{|u_h^n - u(n\tau)|;\ 0 \leqq n \leqq N_T\}$$
$$\leqq c\left\{h\|u\|_{C^1([0,T];H^2(\Omega))} + \tau^2\|u\|_{H^3(0,T;V')}\right\}$$

が成立する. Ω が $\mathbf{R}^2$ の凸多角形領域で, $\Gamma = \Gamma_0$ のときは, 上の評価はそれぞれ
$$\max\{|u_h^n - u(n\tau)|;\ 0 \leqq n \leqq N_T\}$$
$$\leqq c\left\{h^2\|u\|_{C^1([0,T];H^2(\Omega))} + \tau\|u\|_{H^2(0,T;V')}\right\},$$

§2.5 放物型問題

$$\max\{|u_h^n - u(n\tau)|;\ 0 \leqq n \leqq N_T\}$$
$$\leqq c\left\{h^2\|u\|_{C^1([0,T];H^2(\Omega))} + \tau^2\|u\|_{H^3(0,T;V')}\right\}$$

となる. □

$\theta \in [0, 1/2)$ のとき安定条件 (2.57) に現れる定数 c_0 を単体 1 次要素のときに評価する.

m 次元単体 e の $(m+1)$ 個の頂点と対面との距離の最小値を $\kappa(e)$ とおく. 要素分割 $\mathcal{T}_h$ が与えられたとき

$$\kappa_h = \min\{\kappa(e);\ e \in \mathcal{T}_h\}$$

とおく.

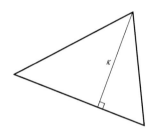

図 2.5 要素 e と $\kappa = \kappa(e)$

補題 2.12 $\left(\mathcal{T}_h, \{P_i, \phi_i\}_{i=1}^{N_p(h)}\right)_{h\downarrow 0}$ を $\mathbf{R}^m$ の多面体領域の単体 1 次要素による一様正則な分割列とし, (2.25) により W_h を定める. このとき, (2.77) に現れる c_0 は

$$c_0 = \frac{(m+1)\sqrt{m+2}}{\kappa_0} \tag{2.80}$$

ととることができる. ここに

$$\kappa_0 = \inf\left\{\frac{\kappa_h}{h};\ h > 0\right\} \tag{2.81}$$

である[*1].

[*1] 分割に弱鋭角条件 ($m=2$ のとき, その十分条件は鈍角三角形が現れないこと) を仮定すれば, $c_0 = \sqrt{2(m+1)(m+2)}/\kappa_0$ に改良できる. Fujii,H., Some remarks on finite element analysis of time-dependent field problems, Theory and Practice in Finite Element Structual Analysis, pp.91–106, editor: Yamada,Y. and Gallagher,R.H., Univ. of Tokyo Press, 1973.

[証明] $e \in \mathcal{T}_h$ を任意の m 単体, $v_h \in W_h$ を任意の関数とする. まず

$$|v_h|_{1,2,e}^2 \leqq \frac{(m+1)^2(m+2)}{\kappa(e)^2}\|v_h\|_{0,2,e}^2 \tag{2.82}$$

が成立することを示す. e 上の節点を $\{P_{i(j)}\}_{j=1}^{m+1}$ とすると,

$$v_h(x) = \sum_{j=1}^{m+1} v_{i(j)}\phi_{i(j)}(x) \qquad (x \in e)$$

と表現できる. ここに $\phi_{i(j)}$ は節点 $P_{i(j)}$ での基底関数で, 仮定から, x の1次式である. 要素 e 上で積分を実行して,

$$|v_h|_{1,2,e}^2 = \sum_{j,k=1}^{m+1} v_{i(j)} v_{i(k)} a_{jk}$$
$$\leqq \rho(A) \sum_{j=1}^{m+1} v_{i(j)}^2$$

となる. ここに, A は

$$a_{jk} = \int_e \operatorname{grad}\phi_{i(j)} \cdot \operatorname{grad}\phi_{i(k)} \mathrm{d}x$$

を成分とする $(m+1) \times (m+1)$ 対称行列であり, $\rho(A)$ はスペクトル半径 (固有値の絶対値の最大値) である. Gerschgorin の定理 1.1 から, 各 j について

$$\sum_{k=1}^{m+1} |a_{jk}| \leqq \sum_{k=1}^{m+1} \int_e |\operatorname{grad}\phi_{i(j)}||\operatorname{grad}\phi_{i(k)}| \mathrm{d}x$$
$$\leqq \sum_{k=1}^{m+1} \frac{1}{\kappa_j} \cdot \frac{1}{\kappa_k} \operatorname{meas} e$$
$$\leqq \frac{m+1}{\kappa(e)^2} \operatorname{meas} e$$

が成立する. ここに κ_j は節点 $P_{i(j)}$ と対面との距離であり

$$|\operatorname{grad}\phi_{i(j)}| = 1/\kappa_j$$

となることを使った. したがって

$$\rho(A) \leqq \frac{m+1}{\kappa(e)^2} \operatorname{meas} e$$

となるので

§2.5 放物型問題

$$|v_h|_{1,2,e}^2 \leq \frac{m+1}{\kappa(e)^2}\operatorname{meas} e \sum_{j=1}^{m+1} v_{i(j)}^2$$

が成立する. 一方

$$\begin{aligned}
\|v_h\|_{0,2,e}^2 &= \sum_{j,k=1}^{m+1} v_{i(j)} v_{i(k)} m_{jk} \\
&= \frac{\operatorname{meas} e}{(m+2)(m+1)} \left\{ 2\sum_{j=1}^{m+1} v_{i(j)}^2 + \sum_{j\neq k} v_{i(j)} v_{i(k)} \right\} \\
&= \frac{\operatorname{meas} e}{(m+2)(m+1)} \left\{ \sum_{j=1}^{m+1} v_{i(j)}^2 + \left(\sum_{j=1}^{m+1} v_{i(j)}\right)^2 \right\} \\
&\geq \frac{\operatorname{meas} e}{(m+2)(m+1)} \sum_{j=1}^{m+1} v_{i(j)}^2 \quad (2.83)
\end{aligned}$$

が成立する. ここに

$$m_{jk} = \int_e \phi_{i(j)} \phi_{i(k)} \mathrm{d}x$$

であり

$$m_{jk} = \begin{cases} \dfrac{2}{(m+2)(m+1)}\operatorname{meas} e & (j=k) \\ \dfrac{1}{(m+2)(m+1)}\operatorname{meas} e & (j\neq k) \end{cases} \quad (2.84)$$

なることを使った (→ 演習問題 2.4). これらの不等式から (2.82) が得られる. この式から,

$$\begin{aligned}
|v_h|_{1,2,\Omega}^2 &= \sum_e |v_h|_{1,2,e}^2 \\
&\leq \sum_e \frac{(m+1)^2(m+2)}{\kappa(e)^2} \|v_h\|_{0,2,e}^2 \\
&\leq \frac{(m+1)^2(m+2)}{\kappa_0^2 h^2} \|v_h\|_{0,2,\Omega}^2
\end{aligned}$$

となるので, c_0 を (2.80) ととることができる. ∎

(e) **集中質量近似**

(2.54) からわかるように, θ 法 (2.53) では, $\theta=0$ であっても u_h^n から u_h^{n+1} を求めるのに連立 1 次方程式を解かなければならない. この意味で前進 Euler 法

も陰解法となる．単体1次要素を使うとき，陽解法を導くことを考える．

定義 2.9 $\{P_i\}_{i=1}^{m+1}$ を $\mathbf{R}^m$ の m 単体の頂点とし，P_i の座標を $(x_1^{(i)}, \cdots, x_m^{(i)})$ とする．

$$\Delta \equiv \det \begin{bmatrix} 1 & \cdots & 1 \\ x_1^{(1)} & \cdots & x_1^{(m+1)} \\ \vdots & & \vdots \\ x_m^{(1)} & \cdots & x_m^{(m+1)} \end{bmatrix} > 0$$

とする．このとき

$$\lambda_i(x) = \frac{1}{\Delta} \det \begin{bmatrix} 1 & \cdots & \overset{i}{1} & \cdots & 1 \\ x_1^{(1)} & \cdots & x_1 & \cdots & x_1^{(m+1)} \\ \vdots & & \vdots & & \vdots \\ x_m^{(1)} & \cdots & x_m & \cdots & x_m^{(m+1)} \end{bmatrix} \quad (i = 1, \cdots, m+1)$$

を $\{P_i\}_{i=1}^{m+1}$ に関する点 $P(x_1, \cdots, x_m)$ の**重心座標**という． □

重心座標 $\{\lambda_i\}_{i=1}^{m+1}$ は常に

$$\sum_{i=1}^{m+1} \lambda_i(x) = 1$$

を満たしている ($\to$ 演習問題 2.1)．

定義 2.10 $\mathcal{T}_h$ を $\mathbf{R}^m$ の多面体領域 Ω の要素分割とする．各 P_i に対して

$$D_i = \bigcup_e \{x \in e;\ \lambda_i^e(x) > \lambda_j^e(x),\ j \neq i\}$$

を節点 P_i の**重心領域** (barycentric domain) という．ここに，$\{\lambda_j^e\}$ は節点 P_i を含む要素の頂点 $\{P_j\}$ に関する重心座標である． □

重心領域 D_i の特性関数を $\bar{\phi}_i$，

$$\bar{\phi}_i(x) = \begin{cases} 1 & (x \in D_i) \\ 0 & (x \notin D_i) \end{cases}$$

と書く．$v \in C(\bar{\Omega})$ に対して

§2.5 放物型問題

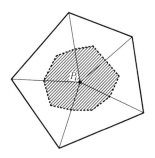

図 2.6　節点 P_i と重心領域 D_i

$$\bar{v} = \sum_i v(P_i)\bar{\phi}_i$$

を定義する. $\bar{v}$ を v の**集中質量近似**という. 集中質量近似を用いた θ 法 $(0 \leqq \theta \leqq 1)$

$$\frac{1}{\tau}(\bar{u}_h^{n+1} - \bar{u}_h^n, \bar{v}_h) + a(u_h^{n+\theta}, v_h) = \langle f^{n+\theta}, v_h \rangle$$
$$(v_h \in V_h,\ n = 0, \cdots, N_T - 1) \qquad (2.85)$$

を考える. (2.85) の行列表示は

$$(\bar{M} + \theta\tau A)\boldsymbol{u}^{n+1} = \{\bar{M} - (1-\theta)\tau A\}\boldsymbol{u}^n + \tau\{\theta\boldsymbol{f}^{n+1} + (1-\theta)\boldsymbol{f}^n\} \qquad (2.86)$$

となる. ここに $\bar{M}$ は

$$m_{ij} = (\bar{\phi}_i, \bar{\phi}_j) = \delta_{ij}\operatorname{meas} D_i$$

である対角行列である. したがって $\theta = 0$ のとき (2.86) は

$$\boldsymbol{u}^{n+1} = (I - \tau\bar{M}^{-1}A)\boldsymbol{u}^n + \tau\bar{M}^{-1}\boldsymbol{f}^n$$

となるので, 陽的に解ける.

V の部分空間列 $\{V_h\}_{h\downarrow 0}$ を考える. 正定数 c_1 が存在して

$$\|v_h\| \leqq \frac{c_1}{h}|\bar{v}_h| \qquad (v_h \in V_h,\ h > 0) \qquad (2.87)$$

が成立していると仮定する. このとき定理 2.13 に対応して次の結果が成立する.

定理 2.18　$\{V_h\}_{h\downarrow 0}$ を (2.87) を満たす V の有限次元部分空間列とする. 時間刻み τ を, $0 \leqq \theta < 1/2$ のときは, $\delta \in (0,1)$ を任意固定して

$$\tau \leqq \frac{2(1-\delta)}{(1-2\theta)c_1^2}h^2 \qquad (2.88)$$

を満たすように，$1/2 \leqq \theta \leqq 1$ のときは任意に定める．このとき (2.85) の解 u_h^n，$n=0,\cdots,N_T$ に対して

$$|\bar{u}_h^n|^2 \leqq \begin{cases} \dfrac{1}{\delta}\left\{|\bar{u}_h^0|^2 + \tau \sum_{k=0}^{n-1}\|f^{k+\theta}\|_{V_h'}^2\right\} & (\theta \in [0,1/2)) \\ |\bar{u}_h^0|^2 + \tau \sum_{k=0}^{n-1}\|f^{k+\theta}\|_{V_h'}^2 & (\theta \in [1/2,1]) \end{cases} \qquad (2.89)$$

が成立する． □

証明は定理 2.13 と同様なので省略する．

補題 2.13 $\left(\mathcal{T}_h, \{P_i,\phi_i\}_{i=1}^{N_P(h)}\right)_{h\downarrow 0}$ を $\mathbf{R}^m$ の多面体領域 Ω の 1 次要素による正則な分割列とし，W_h を (2.25) により定める．このとき正定数 c が存在し

$$|(\bar{u}_h,\bar{v}_h) - (u_h,v_h)| \leqq ch^2 |u_h|_{1,2,\Omega}|v_h|_{1,2,\Omega} \quad (u_h,v_h \in W_h) \qquad (2.90)$$

が成立する．

[証明] $e \in \mathcal{T}_h$ を任意の要素とする．e 上の L^2 内積を $(\cdot,\cdot)_e$ と書くことにする．$c_i, i=1,2,3,4$ を任意の定数とする.

$$(\bar{\phi}_i,1)_e = (\phi_i,1)_e = \frac{1}{m+1}\mathrm{meas}\,e$$

となることを使って

$$\begin{aligned}(\bar{u}_h,\bar{v}_h)_e - (u_h,v_h)_e &= (\bar{u}_h - u_h, \bar{v}_h)_e + (u_h, \bar{v}_h - v_h)_e \\ &= (\bar{u}_h - u_h, \overline{v_h - c_1})_e + (u_h - c_2, \bar{v}_h - v_h)_e\end{aligned} \qquad (2.91)$$

が成立する．$\hat{e}$ を参照単体として，$\hat{\Pi}: L^2(\hat{e}) \to L^2(\hat{e})$ を

$$(\hat{\Pi}\hat{v})(\hat{x}) = \sum_{j=1}^{m+1}\left\{\frac{1}{\mathrm{meas}\,\hat{D}_i}\int_{\hat{D}_i}\hat{v}(\hat{x})\mathrm{d}\hat{x}\right\}\bar{\phi}_i(\hat{x})$$

と定義する．ここに，$\hat{D}_i = \mathrm{supp}[\bar{\phi}_i]$ である．$\hat{\Pi}$ は

$$\|\hat{\Pi}\|_{\mathcal{L}(L^2(\hat{e}),L^2(\hat{e}))} = 1, \quad \hat{\Pi}1 = 1 \qquad (2.92)$$

を満たしている．アフィン写像 F^{-1} で (2.91) 右辺の各項を $\hat{e}$ 上の積分に移すと

$$\begin{aligned}(\bar{u}_h - u_h, \overline{v_h - c_1})_e &= 2\,\mathrm{meas}\,e\,((\hat{\Pi} - \hat{I})\hat{u}, \hat{\Pi}(\hat{v} - c_1))_{\hat{e}} \\ &= 2\,\mathrm{meas}\,e\,((\hat{\Pi} - \hat{I})(\hat{u} - c_3), \hat{\Pi}(\hat{v} - c_1))_{\hat{e}} \\ &\leqq 4\,\mathrm{meas}\,e\,\|\hat{u} - c_3\|_{0,2,\hat{e}}\|\hat{v} - c_1\|_{0,2,\hat{e}} \\ &\leqq 4\,\mathrm{meas}\,e\,\|\hat{u} - c_3\|_{1,2,\hat{e}}\|\hat{v} - c_1\|_{1,2,\hat{e}}\end{aligned}$$

§2.5 放物型問題

と

$$(u_h - c_2, \bar{v}_h - v_h)_e = 2\operatorname{meas} e\,(\hat{u} - c_2, (\hat{\Pi} - \hat{I})\hat{v})_{\hat{e}}$$
$$= 2\operatorname{meas} e\,(\hat{u} - c_2, (\hat{\Pi} - \hat{I})(\hat{v} - c_4))_{\hat{e}}$$
$$\leqq 4\operatorname{meas} e\,\|\hat{u} - c_2\|_{0,2,\hat{e}}\|\hat{v} - c_4\|_{0,2,\hat{e}}$$
$$\leqq 4\operatorname{meas} e\,\|\hat{u} - c_2\|_{1,2,\hat{e}}\|\hat{v} - c_4\|_{1,2,\hat{e}}$$

とに評価できる.ここに,

$$\hat{u}(\hat{x}) = u_h(F(\hat{x})), \quad \hat{v}(\hat{x}) = v_h(F(\hat{x}))$$

である.c_i は任意定数であることに注意し,補題 2.8を使い,アフィン写像 F で e 上の積分に戻すと

$$|(\bar{u}_h, \bar{v}_h)_e - (u_h, v_h)_e| \leqq c\operatorname{meas} e\,|\hat{u}|_{1,2,\hat{e}}|\hat{v}|_{1,2,\hat{e}}$$
$$\leqq ch_e^2 |u_h|_{1,2,e}|v_h|_{1,2,e}$$

が得られる.したがって

$$|(\bar{u}_h, \bar{v}_h) - (u_h, v_h)| \leqq \sum_e |(\bar{u}_h, \bar{v}_h)_e - (u_h, v_h)_e|$$
$$\leqq ch^2 \sum_e |u_h|_{1,2,e}|v_h|_{1,2,e}$$
$$\leqq ch^2 |u_h|_{1,2,\Omega}|v_h|_{1,2,\Omega}$$

が成立する.∎

補題 2.14 補題 2.12と同じ仮定の下で (2.87) に現れる c_1 は

$$c_1 = \frac{m+1}{\kappa_0}$$

ととることができる.κ_0 は (2.81) で与えられる.

[証明] 補題 2.12の証明で,(2.83) を

$$\|\bar{v}_h\|_{0,2,e}^2 = \frac{\operatorname{meas} e}{m+1} \sum_{j=1}^{m+1} v_{i(j)}^2$$

でとり換えれば結果を得ることができる.∎

定理 2.19 $\left(\mathcal{T}_h, \{P_i, \phi_i\}_{i=1}^{N_p(h)}\right)_{h\downarrow 0}$ を $\mathbf{R}^m$ ($m \leqq 3$) の多面体領域 Ω の 1 次要素による一様正則な分割列とし,(2.40) により V_h を定める.(2.79) において,(2.85) の解を $\{u_h^n\}_{n=0}^{N_T}$ とする.ただし,$\theta \in [0, 1/2)$ のときは,安定条件 (2.88)

を仮定する．問題 (2.70)～(2.73) の解 u が
$$u \in C^1([0,T]; H^2(\Omega))$$
かつ，(2.63) を満たしているなら，正定数 c が存在し
$$\max\{|u_h^n - u(n\tau)|;\ 0 \leqq n \leqq N_T\}$$
$$\leqq c\left\{h\|u\|_{C^1([0,T];H^2(\Omega))} + \tau\|u\|_{H^2(0,T;V')}\right\}$$
が成立する．$\theta = 1/2$ で解 u がさらに (2.66) を満たしているなら，
$$\max\{|u_h^n - u(n\tau)|;\ 0 \leqq n \leqq N_T\}$$
$$\leqq c\left\{h\|u\|_{C^1([0,T];H^2(\Omega))} + \tau^2\|u\|_{H^3(0,T;V')}\right\}$$
が成立する．

[証明]　まず，定理 2.14 に対応する誤差評価を示そう．定理 2.14 の証明と異なるところは，(2.68) で
$$\langle \varepsilon_1^n, v_h \rangle = (w_h^n, v_h) - (\bar{w}_h^n, \bar{v}_h)$$
を加えるだけである．ここに
$$w_h^n = P_h\left\{\frac{u(t_{n+1}) - u(t_n)}{\tau}\right\}$$
$$= P_h\left\{\frac{1}{\tau}\int_{t_n}^{t_{n+1}} \frac{du}{dt}(t)dt\right\}$$
である．P_h は射影作用素なので
$$\|w_h^n\| \leqq \left\|\frac{1}{\tau}\int_{t_n}^{t_{n+1}} \frac{du}{dt}(t)dt\right\|$$
$$\leqq \left\{\frac{1}{\tau}\int_{t_n}^{t_{n+1}} \left\|\frac{du}{dt}(t)\right\|^2 dt\right\}^{1/2}$$
となる．補題 2.13 により
$$|\langle \varepsilon_1^n, v_h \rangle| \leqq ch^2\|w_h^n\|\|v_h\|$$
となるので
$$\|\varepsilon_1^n\|_{V_h'} \leqq ch^2\|w_h^n\|$$
$$\leqq ch^2\left\{\frac{1}{\tau}\int_{t_n}^{t_{n+1}} \left\|\frac{du}{dt}(t)\right\|^2 dt\right\}^{1/2}$$

となる．したがって

$$ch^2 \left\| \frac{\mathrm{d}u}{\mathrm{d}t} \right\|_{L^2(0,T;H^1(\Omega))}$$

を (2.65) 右辺につけ加えれば誤差評価式が得られる．$k=1$ として定理 2.16 を用いれば，結果が得られる． ∎

Aubin–Nitsche のトリックを使えば次の結果を得る．

定理 2.20 Ω を $\mathbf{R}^2$ の凸多角形領域とし，$\Gamma = \Gamma_0$ とする．このとき，定理 2.19 の仮定の下で

$$\max\{|u_h^n - u(n\tau)|;\ 0 \leqq n \leqq N_T\}$$
$$\leqq c\left\{h^2\|u\|_{C^1([0,T];H^2(\Omega))} + \tau\|u\|_{H^2(0,T;V')}\right\}$$

が成立する．$\theta = 1/2$ のときは

$$\max\{|u_h^n - u(n\tau)|;\ 0 \leqq n \leqq N_T\}$$
$$\leqq c\left\{h^2\|u\|_{C^1([0,T];H^2(\Omega))} + \tau^2\|u\|_{H^3(0,T;V')}\right\}$$

が成立する． □

演習問題

2.1 e を P_ℓ, $\ell = i,j,k$ を3頂点とする平面上の三角形とする．F を参照三角形 $\hat{e}$ から e へのアフィン写像で，$(\hat{P}_1, \hat{P}_2, \hat{P}_3)$ を，(P_i, P_j, P_k) に移しているとする．その逆写像 F^{-1} を使って

$$\lambda_1 = F_1^{-1}, \quad \lambda_2 = F_2^{-1}, \quad \lambda_3 = 1 - \lambda_1 - \lambda_2$$

とおく．λ_ℓ, $\ell = 1,2,3$ は三角形 $P_i P_j P_k$ の重心座標に一致することを示せ．点 P の重心座標を λ_ℓ, $\ell = 1,2,3$ とするとき，

$$P \in \triangle P_i P_j P_k \Leftrightarrow 0 \leqq \lambda_\ell \leqq 1 \quad (\ell = 1,2,3)$$

であることを示せ．

この性質は，三角形分割領域内に点を与えたとき，その点がどの三角形に属しているかを調べるときに使われる．三角形 $P_i P_j P_k$ の重心の重心座標は $(1/3, 1/3, 1/3)$ である．

2.2 $\hat{e}$ を参照三角形, $\{\hat{P}_j\}_{j=1}^6$ をその上の節点とする. ただし,

$$\hat{P}_4 = (0, \frac{1}{2}), \ \hat{P}_5 = (\frac{1}{2}, 0), \ \hat{P}_6 = (\frac{1}{2}, \frac{1}{2})$$

とする. $\{\hat{\lambda}_1, \hat{\lambda}_2, \hat{\lambda}_3\}$ を三角形 $\hat{P}_1\hat{P}_2\hat{P}_3$ に関する重心座標とし, $\hat{\phi}_1 = (2\hat{\lambda}_1 - 1)\hat{\lambda}_1, \hat{\phi}_4 = 4\hat{\lambda}_2\hat{\lambda}_3$ とおく. これらの関数は $\mathcal{P}_2$ に属し,

$$\hat{\phi}_i(\hat{P}_j) = \delta_{ij}$$

を満たしていることを示せ. これらの性質を満たす残りの関数を作成し, 基底関数 $\{\hat{\phi}_j\}_{j=1}^6$ を完成せよ.

また, $(\mathcal{T}_h, \{P_i, \phi_i\}_{i=1}^{N_p})$ を $\{\hat{P}_j, \hat{\phi}_j\}_{j=1}^6$ から作られるアフィン同等有限要素分割とすると $\phi_i \in C(\bar{\Omega})$ になることを示せ. この要素を**三角形 2 次要素**という. $\mathcal{P}_2$ 要素ともいう.

2.3 定理 2.8 を一般化する. $(\mathcal{T}_h, \{P_i^{(h)}, \phi_i^{(h)}\}_{i=1}^{N_p(h)})_{h\downarrow 0}$ を $\mathbf{R}^m$ の多面体領域 Ω の正則なアフィン同等有限要素分割列とする. $p, q \in [1, +\infty]$ とする. $k, \ell \in \mathbf{N}_0$ が存在して,

$$k+1 > \frac{m}{p}, \quad W^{k+1,p}(\hat{e}) \hookrightarrow W^{\ell,q}(\hat{e})$$

であり, 参照要素の基底関数 $\{\hat{\phi}_j\}_{j=1}^{\hat{N}}$ で張られる空間 $\hat{V}$ は

$$\mathcal{P}_k \subset \hat{V} \subset W^{\ell,q}(\hat{e})$$

を満たしていると仮定する. このとき, h に依存しない正定数 c が存在し, 任意の $e \in \mathcal{T}_h, v \in W^{k+1,p}(\Omega)$ に対して

$$|v - \Pi_h v|_{\ell,q,e} \leqq ch_e^{k+1-\ell+\frac{m}{q}-\frac{m}{p}} |v|_{k+1,p,e}$$

が成立する. したがって, とくに, $p = q$ のとき

$$\left\{ \sum_{e \in \mathcal{T}_h} |v - \Pi_h v|_{\ell,p,e}^p \right\}^{\frac{1}{p}} \leqq ch^{k+1-\ell} |v|_{k+1,p,\Omega}$$

が成立する.

2.4 (2.84) を示せ. 一般に, $e \subset \mathbf{R}^m$ を m 単体, $\{\lambda_i\}_{i=1}^{m+1}$ をその頂点 $\{P_i\}_{i=1}^{m+1}$ に関する重心座標とすると,

$$\int_e \lambda_1^{\alpha_1} \cdots \lambda_{m+1}^{\alpha_{m+1}} dx = \frac{\alpha! m!}{(|\alpha| + m)!} \text{meas } e$$

が成立する. ここに, $\alpha = (\alpha_1, \cdots, \alpha_{m+1}), \alpha_i \in \mathbf{N}_0$ は多重指数で

$$\alpha! = \alpha_1! \cdots \alpha_{m+1}!$$

である.

2.5 境界条件 (2.4) の代わりに

$$u = g \quad (x \in \Gamma_0) \tag{2.93}$$

を考える. ここに, g はある関数 $w \in H^1(\Omega)$ の Γ_0 へのトレースになっているとする. アフィン空間 $V(g)$ を

$$V(g) = \{v \in H^1(\Omega);\ v = g\ (x \in \Gamma_0)\}$$

とおく. 問題 (2.2), (2.3), (2.93) に対する変分問題は, (2.6) が成立するような $u \in V(g)$ を求めることである. この問題の解 u は存在して一意であることを示せ.

$g \in C(\Gamma_0)$ として

$$V_h(g) = \{v_h = \sum_{j=1}^{N_p} c_j \phi_j;\ c_j \in \mathbf{R}\ (\forall j), v_h(P_j) = g(P_j)\ (\forall P_j \in \Gamma_0)\}$$

とおく. ここに, P_j は節点である. 有限要素近似問題は, (2.16) が成立するような $u_h \in V_h(g)$ を求めることである. この問題の解 u_h は存在して一意であることを示せ. さらに, Céa の補題が

$$\|u - u_h\| \leq \left(1 + \frac{\|a\|}{\alpha}\right) \inf_{v_h \in V_h(g)} \|u - v_h\|$$

として成立することを示せ. (ヒント: $u - w$ を考える.)

2.6 V を Hilbert 空間, a を $V \times V$ 上の連続双一次形式とする. V の有限次元部分空間列 $\{V_h\}_{h \downarrow 0}$ に対して, 正定数 α が存在し,

$$\inf_{u_h \in V_h} \sup_{v_h \in V_h} \frac{a(u_h, v_h)}{\|u_h\| \|v_h\|} \geq \alpha \quad (\forall h) \tag{2.94}$$

が成立しているとする. このとき, 問題 (P_h) の解 u_h は存在して一意であることを示せ. u を問題 (P) の解とすると

$$\|u - u_h\| \leq \left(1 + \frac{\|a\|}{\alpha}\right) \inf_{v_h \in V_h} \|u - v_h\|$$

が成立することを示せ.

この結果により, a が強圧的でないときでも, (2.94) が成立すれば, 同様な誤差評価を得ることができる. (2.94) は**安定性不等式** (stability inequality) と呼ばれる. a が強圧的であれば, 安定性不等式は成立する.

第3章
境界要素法

この章では**境界要素法** (boundary element method=BEM) について解説する．境界要素法は Laplace 方程式など基本解がわかっている問題の数値解法の一つである．斉次の偏微分方程式は境界上の積分方程式に帰着され，その離散化により境界上の値のみが未知量になる．差分法，有限要素法に比べて適用できる問題に制限はあるが，未知数の数が大幅に減少すること，外部問題も同様に扱えることなどの利点がある．

§3.1 境界要素法の構成

(a) 基本解

Ω を $\mathbf{R}^m$ ($m=2,3$) の有界領域，境界 Γ は区分的に滑らかとする．$\Omega' = \mathbf{R}^m \setminus \Omega$ とおく．

補題 3.1

$$E(x) = \begin{cases} -\dfrac{1}{2\pi} \log |x| & (m=2) \\ \dfrac{1}{4\pi |x|} & (m=3) \end{cases} \tag{3.1}$$

は

$$-\Delta E(x) = \delta(x)$$

である．ここに Δ は Laplace 作用素を示し，δ は Dirac のデルタ超関数である．

この補題の証明のために，次の補題を用意する．

補題 3.2 $\varepsilon > 0$ として
$$B_\varepsilon = \{x \in \mathbf{R}^m;\ |x| < \varepsilon\} \tag{3.2}$$
とおく．n を ∂B_ε での外向き単位法線ベクトル，φ を 0 の近傍で連続な関数とすると，$\varepsilon \downarrow 0$ のとき

$$-\int_{\partial B_\varepsilon} \frac{\partial E}{\partial n}(x)\varphi(x)\mathrm{d}\gamma \to \varphi(0) \tag{3.3}$$

$$\int_{\partial B_\varepsilon} E(x)\varphi(x)\mathrm{d}\gamma \to 0 \tag{3.4}$$

である．

[証明] $m = 2$ のときを考える．
$$-\frac{\partial E}{\partial n}(x) = \frac{1}{2\pi}\frac{1}{|x|} \tag{3.5}$$
となるので，
$$-\int_{\partial B_\varepsilon} \frac{\partial E}{\partial n}(x)\varphi(x)\mathrm{d}\gamma = \int_0^{2\pi} \frac{1}{2\pi\varepsilon}\varphi(\varepsilon\cos\theta, \varepsilon\sin\theta)\varepsilon\mathrm{d}\theta$$
$$\to \varphi(0) \quad (\varepsilon \downarrow 0)$$
となる．(3.4) も同様にして示せる．$m = 3$ のときも
$$-\frac{\partial E}{\partial n}(x) = \frac{1}{4\pi}\frac{1}{|x|^2} \tag{3.6}$$
になることに注意すれば同様に証明できる．

[補題 3.1 の証明] $\varphi \in \mathcal{D}(\mathbf{R}^m)$ に対して
$$\int_{\mathbf{R}^m} -E(x)\Delta\varphi(x)\mathrm{d}x = \varphi(0) \tag{3.7}$$
となることを示せばよい．$\varepsilon > 0$ として B_ε を (3.2) とおく．Gauss-Green の定理と
$$-\Delta E(x) = 0 \quad (x \neq 0)$$
に注意して補題 3.2 を使うと，$\varepsilon \downarrow 0$ のとき

$$\int_{\mathbf{R}^m\setminus B_\varepsilon} -E(x)\Delta\varphi(x)\mathrm{d}x$$
$$= -\int_{\partial B_\varepsilon} E(x)\frac{\partial\varphi}{\partial n}(x)\mathrm{d}\gamma + \int_{\partial B_\varepsilon}\frac{\partial E}{\partial n}(x)\varphi(x)\mathrm{d}\gamma$$
$$\to \varphi(0)$$

となる. ∎

$E(x)$ のことを, Laplace 作用素の**基本解** (fundamental solution) という.

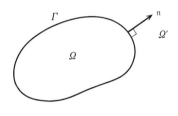

図 3.1

(b) 境界積分方程式

補題 3.3 $u_i \in C^1(\bar{\Omega}) \cap C^2(\Omega), u_e \in C^1(\bar{\Omega}') \cap C^2(\Omega')$ を
$$-\Delta u_i = 0 \quad (x \in \Omega), \quad -\Delta u_e = 0 \quad (x \in \Omega') \tag{3.8}$$
とし, u_e は
$$|u_e| = \mathrm{O}(|x|^{-1}), \quad |\mathrm{grad}\, u_e| = \mathrm{O}(|x|^{-2}) \tag{3.9}$$
を満たしているとする. このとき
$$\int_\Gamma E(x-y)\left[\frac{\partial u}{\partial n}(y)\right]\mathrm{d}\gamma_y - \int_\Gamma \frac{\partial}{\partial n_y}E(x-y)[u(y)]\mathrm{d}y$$
$$= \begin{cases} u(x) & (x \notin \Gamma) \\ \alpha u_i(x) + (1-\alpha)u_e(x) & (x \in \Gamma) \end{cases} \tag{3.10}$$

が成立する. ここに, n は Γ での Ω から見た外向き単位法線ベクトルで
$$\left[\frac{\partial u}{\partial n}\right] = \frac{\partial u_i}{\partial n} - \frac{\partial u_e}{\partial n}, \quad [u] = u_i - u_e$$

であり, $\alpha \in (0,1)$ は x で境界 Γ が切り取る Ω 内の角 ($m=3$ のときは立体角)

と全体角との比である. x が Γ 上の滑らかな点のときは, $\alpha = 1/2$ である.

[証明] $x \in \Omega'$ とする.
$$B_\varepsilon(x) = \{y \in \mathbf{R}^m; |y-x| < \varepsilon\}, \quad B_R = \{y \in \mathbf{R}^m; |y| < R\} \quad (3.11)$$
とおく. 十分小さい ε, 十分大きい R をとる. (3.8) に注意して Gauss-Green の定理を領域 $B_R \setminus (\Omega \cup B_\varepsilon(x))$ で使って
$$v_e(y) = \frac{\partial}{\partial n_y} E(x-y) u_e(y) - E(x-y) \frac{\partial u_e}{\partial n}(y)$$
とおくと
$$-\int_{\partial\Omega} v_e(y)\mathrm{d}\gamma_y - \int_{\partial B_\varepsilon(x)} v_e(y)\mathrm{d}\gamma_y + \int_{\partial B_R} v_e(y)\mathrm{d}\gamma_y = 0 \quad (3.12)$$
となる. 補題 3.2 により
$$-\int_{\partial B_\varepsilon(x)} v_e(y)\mathrm{d}\gamma_y \to u_e(x) \quad (\varepsilon \downarrow 0)$$
であり, ∂B_R 上で
$$|E(x-y)| \leqq \begin{cases} \mathrm{O}(\log R) & (m=2) \\ \mathrm{O}(R^{-1}) & (m=3) \end{cases}$$
$$|\mathrm{grad}\, E(x-y)| \leqq \begin{cases} \mathrm{O}(R^{-1}) & (m=2) \\ \mathrm{O}(R^{-2}) & (m=3) \end{cases}$$
なることと (3.9) を使うと, ∂B_R 上で
$$|v_e(y)| \leqq \begin{cases} \mathrm{O}(R^{-2}\log R) & (m=2) \\ \mathrm{O}(R^{-3}) & (m=3) \end{cases}$$
となるので
$$\int_{\partial B_R} v_e(y)\mathrm{d}\gamma_y \to 0 \quad (R \to +\infty)$$
となる. したがって
$$-\int_{\partial\Omega} v_e(y)\mathrm{d}\gamma_y + u_e(x) = 0 \quad (3.13)$$
となる. 同様に Gauss-Green の定理を Ω で使って

§3.1 境界要素法の構成

$$\int_{\partial\Omega} v_i(y)\mathrm{d}\gamma_y = 0$$

が得られる. ここに

$$v_i(y) = \frac{\partial}{\partial n_y}E(x-y)u_i(y) - E(x-y)\frac{\partial u_i}{\partial n}(y) \tag{3.14}$$

である. (3.13), (3.14) から (3.10) が得られる. $x \in \Omega$ のときも同様である. $x \in \Gamma$ のときは,

$$B_\varepsilon(x) \cap \Omega \neq \emptyset, \quad B_\varepsilon(x) \cap \Omega' \neq \emptyset$$

である. したがって, (3.12) 第2項は

$$-\int_{\partial B_\varepsilon(x) \cap \Omega'} v_\varepsilon(y)\mathrm{d}\gamma_y \to (1-\alpha)u_e(x) \quad (\varepsilon \downarrow 0)$$

となる. 同様にして

$$-\int_{\partial B_\varepsilon(x) \cap \Omega} v_i(y)\mathrm{d}\gamma_y \to \alpha u_i(x) \quad (\varepsilon \downarrow 0)$$

となるので (3.10) が得られる. x で Γ の接線 (接平面) が存在するときは $\alpha = 1/2$ である. ∎

(3.10) において, とくに $u_e = 0$ とおくと

$$\int_\Gamma E(x-y)\frac{\partial u}{\partial n}(y)\mathrm{d}\gamma_y - \int_\Gamma \frac{\partial}{\partial n_y}E(x-y)u(y)\mathrm{d}\gamma_y = u(x) \quad (x \in \Omega) \tag{3.15}$$

$$\int_\Gamma E(x-y)\frac{\partial u}{\partial n}(y)\mathrm{d}\gamma_y - \int_\Gamma \frac{\partial}{\partial n_y}E(x-y)u(y)\mathrm{d}\gamma_y = \alpha(x)u(x) \quad (x \in \Gamma) \tag{3.16}$$

が得られる. (3.16) は, 境界上の u, $\partial u/\partial n$ の値だけで閉じている. (3.16) は**境界積分方程式**と呼ばれる.

Laplace 方程式

$$\begin{aligned}
-\Delta u &= 0 & (x \in \Omega) \\
\frac{\partial u}{\partial n} &= p & (x \in \Gamma_1) \\
u &= u_0 & (x \in \Gamma_0)
\end{aligned}$$

を考える. 境界 Γ は Γ_0 と Γ_1 に分かれている.

と書いて

$$G(v;\Gamma_i)(x) = \int_{\Gamma_i} E(x-y)v(y)\mathrm{d}\gamma_y \qquad (i=0,1)$$

$$H(v;\Gamma_i)(x) = \int_{\Gamma_i} \frac{\partial}{\partial n_y} E(x-y)v(y)\mathrm{d}\gamma_y \qquad (i=0,1)$$

と書いて

$$G\left(\frac{\partial u}{\partial n};\Gamma_0\right) - H(u;\Gamma_1) = \alpha u_0 - G(p;\Gamma_1) + H(u_0;\Gamma_0) \qquad (x \in \Gamma_0) \tag{3.17}$$

$$G\left(\frac{\partial u}{\partial n};\Gamma_0\right) - H(u;\Gamma_1) - \alpha u = -G(p;\Gamma_1) + H(u_0;\Gamma_0) \qquad (x \in \Gamma_1) \tag{3.18}$$

により，Γ_0 上の $\partial u/\partial n$，Γ_1 上の u の値が求まれば，(3.15) に代入して Ω で u の値が求まる．Γ を要素分割し，Γ_0 上で $\partial u/\partial n$ を，Γ_1 上で u をそれぞれ

$$p_h = \sum_j p_j \psi_j, \quad u_h = \sum_j u_j \varphi_j$$

で近似して，(p_j, u_j) に関する連立一次方程式を導く．このようにして (3.17)，(3.18) を解く方法を**境界要素法**という．ここに，ψ_j, φ_j は基底関数である．このとき (p_j, u_j) の自由度と同じ数の点 $x_i \in \Gamma$ を選び (3.17)，(3.18) がその点でのみ成立しているとして

$$\sum_j G(\psi_j;\Gamma_0)(x_i)p_j - \sum_j H(\varphi_j;\Gamma_1)(x_i)u_j$$
$$= \alpha(x_i)u_0(x_i) - G(p;\Gamma_1)(x_i) + H(u_0;\Gamma_0)(x_i) \qquad (x_i \in \Gamma_0)$$
$$\sum_j G(\psi_j;\Gamma_0)(x_i)p_j - \sum_j \{H(\varphi_j;\Gamma_1)(x_i) + \alpha(x_i)\varphi_j(x_i)\} u_j$$
$$= -G(p;\Gamma_1)(x_i) + H(u_0;\Gamma_0)(x_i) \qquad (x_i \in \Gamma_1)$$

を導く近似方法を**選点法**という．別の方法は，重み関数をかけて Γ 上で積分する．この方法については次項で詳しく述べる．

　境界要素法は要素分割の次元が一つさがり，境界にのみ節点を配置するだけなので，自由度を大きく減らすことができる．一方，解くべき連立一次方程式の行列は，密につまっている．この事実は，差分法，有限要素法と大きく異なる．これらの方法では，差分の局所性，あるいは，局所的な台を持つ基底関数

の使用により，疎な行列が得られる．境界要素法の行列作成には，特異性のある関数の積分をしなければならないことにも注意をする必要がある．

§3.2 内部・外部 Dirichlet 問題

(a) 解の構成と一意性

$\varGamma$ 上の関数 u_0 が与えられたとき

$$-\Delta u = 0 \qquad (x \in \varOmega) \tag{3.19}$$

$$-\Delta u = 0 \qquad (x \in \varOmega') \tag{3.20}$$

$$u = u_0 \qquad (x \in \varGamma) \tag{3.21}$$

を満たす関数 u を求める問題を考える．例えば，導体 $\varGamma$ 上の電位 u_0 が与えられたとき空間全体の電位を求める問題は (3.19)〜(3.21) で記述される．u は $\varGamma$ で連続なので，(3.10) から

$$\int_\varGamma E(x-y)p(y)\mathrm{d}\gamma_y = u(x) \qquad (x \in \mathbf{R}^m)$$

となる．ここに $p(y) = \left[\dfrac{\partial u}{\partial n}(y)\right]$ である．したがって境界 $\varGamma$ 上の積分方程式

$$\int_\varGamma E(x-y)p(y)\mathrm{d}\gamma_y = u_0(x) \qquad (x \in \varGamma)$$

を解いて p がわかれば

$$u(x) = \int_\varGamma E(x-y)p(y)\mathrm{d}\gamma_y \qquad (x \in \varOmega \cup \varOmega')$$

として解 u が求まる．

$$\tilde{Q} = \begin{cases} C(\varGamma)/\mathbf{R} & (m=2) \\ C(\varGamma) & (m=3) \end{cases}$$

とおく．ここに

$$C(\varGamma)/\mathbf{R} = \left\{ v \in C(\varGamma);\ \int_\varGamma v\mathrm{d}\gamma = 0 \right\} \tag{3.22}$$

である．$L^1(\varGamma)$ 上の連続線形汎関数 c_0 を $m=3$ のときは $c_0 = 0$，$m=2$ のときは

$$c_0(v) = \int_\Gamma v \mathrm{d}\gamma / \mathrm{meas}\, \Gamma \qquad (v \in L^1(\Gamma)) \tag{3.23}$$

として定義する．任意の $v \in C(\Gamma)$ に対して，$v - c_0(v) \in \tilde{Q}$ となる．$p, q \in \tilde{Q}$ に対して作用素 G_0 と双一次形式 b を

$$(G_0 q)(x) = \int_\Gamma E(x-y) q(y) \mathrm{d}\gamma_y \qquad (x \in \mathbf{R}^m) \tag{3.24}$$

$$b(p, q) = \int_{\Gamma \times \Gamma} E(x-y) q(y) p(x) \mathrm{d}\gamma_y \mathrm{d}\gamma_x \tag{3.25}$$

で定義する．

作用素 G を

$$Gq = \begin{cases} G_0 q - \alpha & (m = 2) \\ G_0 q & (m = 3) \end{cases}$$

とおく．ここに $\alpha \in \mathbf{R}$ は

$$\int_\Omega (Gq)(x) \mathrm{d}x = 0$$

を満たす定数である．

補題 3.4 $p, q \in \tilde{Q}$ とし $u = Gp$, $v = Gq$ とおく．このとき次の結果が成立する．

(1)
$$|v(x)| = \mathrm{O}(|x|^{2-m}), \quad |\mathrm{grad}\, v(x)| = \mathrm{O}(|x|^{-2}) \tag{3.26}$$

(2)
$$\int_\Gamma q\varphi \mathrm{d}\gamma = \int_{\mathbf{R}^m} \mathrm{grad}\, v \cdot \mathrm{grad}\, \varphi \mathrm{d}x \qquad (\varphi \in \mathcal{D}(\mathbf{R}^m)) \tag{3.27}$$

(3)
$$b(p, q) = \int_{\mathbf{R}^m} \mathrm{grad}\, u \cdot \mathrm{grad}\, v\, \mathrm{d}x \tag{3.28}$$

(4) $\tilde{Q}$ は $b(\cdot, \cdot)$ を内積とする前 Hilbert 空間である．

(5) q に依存しない正定数 c が存在し

$$\|v\|_{0,2,\Omega} \leqq c \|\mathrm{grad}\, v\|_{0,2,\mathbf{R}^m} \tag{3.29}$$

が成立する．

［証明］ (3.26) は $m = 3$ のときは容易に示せる．$m = 2$ のときは，(3.22) を

§3.2 内部・外部 Dirichlet 問題

使うと

$$(G_0 q)(x) = \int_\Gamma \{E(x-y) - E(x)\} q(y) \mathrm{d}\gamma_y \qquad (x \in \mathbf{R}^2)$$

と書けるので，結果を得ることができる．(3.27) の証明の前にまず

$$\left[\frac{\partial v}{\partial n}(x_*)\right] = q(x_*) \tag{3.30}$$

が Γ 上の滑らかな点 x_* で成立することを示す．

$x_* \in \Gamma$ を任意の点，$x \in \Omega$ を法線に沿って x_* に収束する点とし，

$$\eta = |x - x_*|$$

とおく．

$$\frac{\partial v_i}{\partial n}(x) = I_1 + I_2,$$

$$I_1(\eta) = \int_{|y-x_*| \geq \eta^{2/3}} \frac{\partial E}{\partial n}(x-y) q(y) \mathrm{d}\gamma_y,$$

$$I_2(\eta) = \int_{|y-x_*| < \eta^{2/3}} \frac{\partial E}{\partial n}(x-y) q(y) \mathrm{d}\gamma_y$$

と分ける．$\eta \downarrow 0$ とすると

$$I_1(\eta) \to \int_\Gamma \frac{\partial E}{\partial n}(x_* - y) q(y) \mathrm{d}\gamma_y, \quad I_2(\eta) \to \frac{1}{2} q(x_*) \tag{3.31}$$

となる ($\to$ 演習問題 3.3)．したがって

$$\frac{\partial v_i}{\partial n}(x_*) = \int_\Gamma \frac{\partial E}{\partial n}(x_* - y) q(y) \mathrm{d}\gamma_y + \frac{1}{2} q(x_*)$$

となる．同様にして

$$\frac{\partial v_e}{\partial n}(x_*) = \int_\Gamma \frac{\partial E}{\partial n}(x_* - y) q(y) \mathrm{d}\gamma_y - \frac{1}{2} q(x_*)$$

となるので，差をとって結果が得られる．

$\varphi \in \mathcal{D}(\mathbf{R}^m)$ を任意の関数とし，$-\Delta v(x) = 0$ $(x \in \Omega \cup \Omega')$ なることを使うと

$$\int_\Gamma q \varphi \mathrm{d}\gamma = \int_\Gamma \left[\frac{\partial v}{\partial n}\right] \varphi \mathrm{d}\gamma$$

$$= \int_\Omega \mathrm{grad}\, v \cdot \mathrm{grad}\, \varphi \, \mathrm{d}x + \int_{\Omega'} \mathrm{grad}\, v \cdot \mathrm{grad}\, \varphi \, \mathrm{d}x$$

$$= \int_{\mathbf{R}^m} \operatorname{grad} v \cdot \operatorname{grad} \varphi \, dx$$

となるので (3.27) が成立する.

(3.28) を示す. 十分大きい R に対して

$$b(p,q) = \int_\Gamma pv \mathrm{d}\gamma$$
$$= \int_\Gamma \left[\frac{\partial u}{\partial n}\right] v \mathrm{d}\gamma$$
$$= \int_\Omega \operatorname{grad} u \cdot \operatorname{grad} v \, dx + \int_{B_R \setminus \Omega} \operatorname{grad} u \cdot \operatorname{grad} v \, dx - \int_{\partial B_R} \frac{\partial u}{\partial n} v \mathrm{d}\gamma$$

が成立する. ここに B_R は (3.11) で与えられる. 評価 (3.26) を使って, $R \to +\infty$ とすれば

$$b(p,q) = \int_\Omega \operatorname{grad} u \cdot \operatorname{grad} v \, dx + \int_{\Omega'} \operatorname{grad} u \cdot \operatorname{grad} v \, dx$$

が得られる.

$b(\cdot,\cdot)$ が内積になっていることを示す. (3.28) から, $b(q,q) \geqq 0$ である. $b(q,q) = 0$ とすると (3.28) から $\operatorname{grad} v = 0$ となる. (3.30) により $q = 0$ が従う. b が内積となるための他の条件は明らかである. したがって $\tilde{Q}$ は前 Hilbert 空間である.

$m = 3$ のとき, (3.29) を示すために, $\varphi \in C(\Gamma)$ で $\varphi \geqq 0$, $\int_\Gamma \varphi(y) \mathrm{d}\gamma_y = 1$ をみたす関数 φ を定め, $\psi = G\varphi$ とおく.

$$\alpha = \int_\Omega v(x) \, dx / \operatorname{meas} \Omega$$

とおくと,

$$\int_\Omega (v - \alpha) \mathrm{d}x = 0$$

なので正定数 c_1 が存在して

$$\|v - \alpha\|_{0,2,\Omega} \leqq c_1 |v|_{1,2,\Omega}$$

が成立する (→ 演習問題 3.2). トレース作用素の性質から正定数 c_2 が存在し,

$$\left| \int_\Gamma (v - \alpha) \varphi \mathrm{d}\gamma \right| \leqq c_2 \|v - \alpha\|_{1,2,\Omega} \|\varphi\|_{0,2,\Gamma}$$
$$\leqq \sqrt{1 + c_1^2} \, c_2 |v|_{1,2,\Omega} \|\varphi\|_{0,2,\Gamma}$$

である. 一方

$$\int_\Gamma v\varphi \mathrm{d}\gamma = \int_\Gamma v \left[\frac{\partial \psi}{\partial n}\right] \mathrm{d}\gamma$$
$$= \int_\Omega \mathrm{grad}\, v \cdot \mathrm{grad}\, \psi \mathrm{d}x + \int_{\Omega'} \mathrm{grad}\, v \cdot \mathrm{grad}\, \psi \mathrm{d}x$$
$$\leqq |v|_{1,2,\mathbf{R}^m} |\psi|_{1,2,\mathbf{R}^m}$$

となる. したがって

$$\left|\int_\Gamma \alpha\varphi \mathrm{d}\gamma\right| \leqq \left(\sqrt{1+c_1^2}c_2 \|\varphi\|_{0,2,\Gamma} + |\psi|_{1,2,\mathbf{R}^m}\right) |v|_{1,2,\mathbf{R}^m}$$

となる. 左辺は $|\alpha|$ に等しいので

$$\|v\|_{0,2,\Omega} \leqq \|v-\alpha\|_{0,2,\Omega} + \|\alpha\|_{0,2,\Omega}$$
$$\leqq c|v|_{1,2,\mathbf{R}^m}$$

となる正定数 c が存在する. $m=2$ のとき,

$$\|v\|_{0,2,\Omega} \leqq c_1 |v|_{1,2,\Omega}$$

が成立するので (3.29) は明らかである. ∎

Q をノルム

$$\|q\|_Q = \sqrt{b(q,q)}$$

により, $\tilde{Q}$ を完備化した Hilbert 空間とする. Hilbert 空間 V を

$$V = \left\{v \in H^1_{\mathrm{loc}}(\mathbf{R}^m); \|v\|_V < +\infty,\ -\Delta v = 0 \quad (x \in \Omega, x \in \Omega')\right\}$$

$$\|v\|_V = \left\{\|v\|^2_{0,2,\Omega} + \|\mathrm{grad}v\|^2_{0,2,\mathbf{R}^m}\right\}^{1/2}$$

とおく. ただし, $-\Delta v = 0\ (x \in \Omega, x \in \Omega')$ は, $-\Delta v = 0$ が $\mathcal{D}'(\Omega), \mathcal{D}'(\Omega')$ の意味で成り立っていることを意味している. 作用素 G, 双一次形式 b は Q に連続に拡張されるので, 補題 3.4 から次の結果が導かれる.

補題 3.5

(1) b は $Q \times Q$ 上の連続双一次形式であり, 強圧的かつ対称である.
(2) G は Q から V への連続作用素であり,

$$\int_\Gamma q\varphi \mathrm{d}\gamma = \int_{\mathbf{R}^m} \mathrm{grad}\, Gq \cdot \mathrm{grad}\, \varphi \, \mathrm{d}x \qquad (q \in Q,\, \varphi \in \mathcal{D}(\mathbf{R}^m)) \quad (3.32)$$

$$b(p,q) = \int_{\mathbf{R}^m} \mathrm{grad}\, Gp \cdot \mathrm{grad}\, Gq \, \mathrm{d}x \qquad (p,q \in Q) \quad (3.33)$$

が成立する.

［証明］ G が Q から V への作用素であることを示す. $v = Gq$ $(q \in Q)$ が (3.32) を満たすことから，$-\Delta v = 0$ が超関数の意味で満たされるので，$v \in V$ である． ∎

補題 3.6 u_0 がある関数 $u_1 \in H^1_{\mathrm{loc}}(\mathbf{R}^m)$ の Γ へのトレースなら，$u_0 \in Q'$ である．

［証明］ $\zeta \in C^1_0(\mathbf{R}^m)$ を Γ の近傍で恒等的に 1 である関数とすると，極限移行により，(3.32) が $\varphi = \zeta u_1$ に対して成立することがわかるので，

$$\left| \int_\Gamma qu_0 \mathrm{d}\gamma \right| \leqq |Gq|_{1,2,\mathbf{R}^m} |\zeta u_1|_{1,2,\mathbf{R}^m}$$
$$= \|q\|_Q |\zeta u_1|_{1,2,\mathbf{R}^m}$$

となる．したがって，$u_0 \in Q'$ である． ∎

補題 3.6 で与えられる u_0 に対して，問題

$$b(p,q) = \int_\Gamma u_0 q \, \mathrm{d}\gamma \quad (q \in Q) \quad (3.34)$$

は Lax-Milgram の定理により，解 $p \in Q$ が存在して一意である．

定理 3.1 u_0 を補題 3.6 で与えられる Γ 上の関数とする．このとき問題 (3.19)〜(3.21) は V に解 u を持ち，

$$u = Gp - c_0(Gp - u_0) \quad (x \in \mathbf{R}^m) \quad (3.35)$$

と書ける．ここに，p は (3.34) の解である．

［証明］ $p \in Q$ を (3.34) の解とすると，$Gp \in V$ であるので，境界 Γ へのトレースが存在する．$\varphi \in C(\Gamma)$ を任意の関数とすると (3.33), (3.34) から

$$\int_\Gamma Gp\{\varphi - c_0(\varphi)\} \mathrm{d}\gamma = \int_\Gamma u_0 \{\varphi - c_0(\varphi)\} \mathrm{d}\gamma$$

が成立する．したがって，

§3.2 内部・外部 Dirichlet 問題

$$\int_\Gamma \{Gp - u_0 - c_0(Gp - u_0)\}\varphi \mathrm{d}\gamma = \int_\Gamma \{Gp - u_0 - c_0(Gp - u_0)\}\{\varphi - c_0(\varphi)\}\mathrm{d}\gamma$$
$$= \int_\Gamma (Gp - u_0)\{\varphi - c_0(\varphi)\}\mathrm{d}\gamma$$
$$= 0$$

となるので,
$$Gp - u_0 - c_0(Gp - u_0) = 0 \quad (x \in \Gamma)$$
が得られる. (3.35) により, u を定めると $u \in V$ であり,
$$u = u_0 \quad (x \in \Gamma)$$
となるので求める解である. ∎

ここでは証明を与えないが,集合
$$\left\{ v + c_0(u_0);\ v \in V,\ \left\|\frac{v}{1+|x|}\right\|_{0,2,\mathbf{R}^m} < +\infty \right\}$$
で解は一意である. (3.35) はこの集合に入る一意解である.

系 3.1 $u \in V$ を問題 (3.19)〜(3.21) の解とする. Γ の近傍 ω が存在し,
$$u \in H^3(\omega \setminus \Omega), \quad u \in H^3(\omega \setminus \Omega') \tag{3.36}$$
なら (3.34) の解 p は
$$p = \left[\frac{\partial u}{\partial n}\right] \in H^1(\Gamma) \tag{3.37}$$
である.

[証明] u は (3.35) と表現できるので (3.32) から
$$\int_\Gamma p\varphi \mathrm{d}\gamma = \int_{\mathbf{R}^m} \mathrm{grad}\,u \cdot \mathrm{grad}\,\varphi\,\mathrm{d}x \quad (\varphi \in \mathcal{D}(\mathbf{R}^m))$$
が成立する. (3.36) より, トレース $\partial u/\partial n$ が存在し, (3.37) が得られる. ∎

(b) **境界要素解の誤差評価**

Hilbert 空間 Q の有限次元部分空間 Q_h を用意する. まず次の補題を示す.

補題 3.7
$$L^2(\Gamma)/\mathbf{R} \hookrightarrow Q \quad (m=2), \qquad L^2(\Gamma) \hookrightarrow Q \quad (m=3)$$
が成立する.

[証明] 任意の $q \in \tilde{Q}$ に対して,

$$b(q,q) = \int_\Gamma q(x)G_0q(x)\mathrm{d}\gamma_x$$
$$\leqq \|q\|_{0,2,\Gamma}\|G_0q\|_{0,2,\Gamma}$$

である．Schwarz の不等式を使うと，$x \in \Gamma$ に対して，

$$|G_0q(x)|^2 \leqq \int_\Gamma |E(x-y)|\mathrm{d}\gamma_y \int_\Gamma |E(x-y)|q^2(y)\mathrm{d}\gamma_y$$
$$\leqq c\int_\Gamma |E(x-y)|q^2(y)\mathrm{d}\gamma_y$$

が成立する．ここに，

$$c = \max\left\{\int_\Gamma |E(x-y)|\mathrm{d}\gamma_y; x \in \Gamma\right\}$$

である．したがって，

$$\|G_0q\|_{0,2,\Gamma}^2 \leqq c^2\|q\|_{0,2,\Gamma}^2$$

となるので，

$$\|q\|_Q \leqq c\|q\|_{0,2,\Gamma} \tag{3.38}$$

が得られる．任意の $q \in L^2(\Gamma)/\mathbf{R}$ ($m=3$ のときは $q \in L^2(\Gamma)$) に対して，$\{q_j\}_{j=1}^{+\infty} \subset \tilde{Q}$ で

$$\|q_j - q\|_Q \to 0, \quad \|q_j - q\|_{0,2,\Gamma} \to 0 \ (j \to +\infty)$$

となるものが存在するので，q に対しても (3.38) が成立する．

境界 Γ を要素 e_j に分割する．Γ は一般に $(m-1)$ 次元多様体なので e_j は "曲 $(m-1)$ 単体" である．§2.4 と同様にして正則分割列 $\{T_h\}_{h\downarrow 0}$ を考える．Q_h を各要素 e_j 上で定数である関数 q_h で

$$c_0(q_h) = 0$$

を満たしているものの全体とする．補題 3.7 により

$$Q_h \subset Q$$

である．問題 (3.34) の有限次元近似問題は，

$$b(p_h, q_h) = \int_\Gamma u_0 q_h \mathrm{d}\gamma \quad (q_h \in Q_h) \tag{3.39}$$

を満たす $p_h \in Q_h$ を求めることである．

定理 3.2 $\{T_h\}_{h\downarrow 0}$ を Γ の正則な要素分割列とする．問題 (3.39) の解 $p_h \in Q_h$

§3.2 内部・外部 Dirichlet 問題

は存在して一意である. 問題 (3.34) の解 p が $p \in H^1(\Gamma)$ なら正定数 c が存在して

$$\|p - p_h\|_Q \leqq ch|p|_{1,2,\Gamma} \quad (h > 0) \tag{3.40}$$

が成立する.

［証明］ 解 $p_h \in Q_h$ の一意存在は Lax-Milgram の定理から明らかである. 補題 3.7 と定理 2.8 から

$$\|p - p_h\|_Q \leqq c_1 \inf\{\|p - q_h\|_Q; q_h \in Q_h\}$$
$$\leqq c_1 c_2 \inf\{\|p - q_h\|_{0,2,\Gamma}; q_h \in Q_h\}$$
$$\leqq c_1 c_2 c_3 h|p|_{1,2,\Gamma}$$

を得る. ここに, $c_i, i = 1, 2, 3$ は h に依存しない正定数である. ∎

問題 (3.39) の解 $p_h \in Q_h$ から問題 (3.19)〜(3.21) の近似解 u_h を

$$u_h = Gp_h - c_0(Gp_h - u_0) \quad (x \in \mathbf{R}^m) \tag{3.41}$$

として構成する.

系 3.2 問題 (3.19)〜(3.21) の解 $u \in V$ が (3.36) を満たしているなら, 正定数 c が存在し,

$$\|u - u_h\|_V \leqq ch \left\{\|\operatorname{grad} u\|_{2,2,\omega \setminus \Omega} + \|\operatorname{grad} u\|_{2,2,\omega \setminus \Omega'}\right\} \tag{3.42}$$

が成立する.

［証明］ c は, h, u に依存しない正定数で場所により異なる値を取り得るものとする. G, c_0 の線形性から,

$$u - u_h = G(p - p_h) - c_0\{G(p - p_h)\}$$

と書ける. G の連続性から,

$$\|u - u_h\|_V \leqq \|G\|_{\mathcal{L}(Q,V)} \|p - p_h\|_Q + c\|G(p - p_h)\|_V$$
$$\leqq c\|G\|_{\mathcal{L}(Q,V)} \|p - p_h\|_Q$$

となる. 系 3.1 により, $p \in H^1(\Gamma)$ であり,

$$\|p\|_{H^1(\Gamma)} \leqq c\{\|\operatorname{grad} u\|_{2,2,\omega \setminus \Omega} + \|\operatorname{grad} u\|_{2,2,\omega \setminus \Omega'}\}$$

が成立するので, 定理 3.2 により結果が得られる. ∎

負の指数の Sobolev 空間を導入すれば $Q = H^{-1/2}(\Gamma)$ と表現でき, この空間

での近似理論を使えば (3.40), (3.42) の評価は $h^{3/2}$ に改良することができる[*1].

演習問題

3.1 (3.5), (3.6) を示せ.

3.2 Ω を $\mathbf{R}^m$ の有界領域とし

$$V = \{v \in H^1(\Omega); \int_\Omega v(x)\mathrm{d}x = 0\}$$

とする. このとき, 正定数 c が存在して,

$$\|v\|_{0,2,\Omega} \leqq c|v|_{1,2,\Omega} \quad (v \in V)$$

が成立する. したがって, V 上で H^1 ノルムと H^1 セミノルムは同等である. (ヒント: 補題 2.8)

3.3 (3.31) を示せ. (ヒント: $m = 2$ のとき

$$\lim_{\eta \downarrow 0} I_2(\eta) = q(x_*) \frac{1}{\pi} \int_0^{+\infty} \frac{\mathrm{d}s}{s^2+1} = \frac{1}{2} q(x_*)$$

$m = 3$ のとき

$$\lim_{\eta \downarrow 0} I_2(\eta) = q(x_*) \frac{1}{2} \int_0^{+\infty} \frac{s\mathrm{d}s}{(1+s^2)^{3/2}} = \frac{1}{2} q(x_*)$$

となる. ここに $s = |y - x_*|/\eta$ である.)

[*1] Le Roux, M.N., Équations intégrales pour le problème du potentiel électrique dans le plan, C.R.Acad. Sc. Paris, Sér. A, 278(1974), 541–544. Nedelec, J.C. and Planchard, J., Une méthode variationnelle d'élements finis pour la résolution numérique d'un problème extérieur dans $\mathbf{R}^3$, RAIRO, R-3(1973), 105–129.

第4章
混合型有限要素近似

　最小型変分原理により，Poisson 方程式はある汎関数の最小化問題に帰着した．しかし，拘束条件が付いた問題についてはその枠組みで解くことは容易でない．拘束条件をなくして導かれる鞍点型の問題で解くのが自然である．この章では，2つの Hilbert 空間を用意して，鞍点型の変分問題を考える．鞍点型変分問題は Stokes 問題を含む広い範囲の問題に適用できる．鞍点型変分原理から混合型有限要素法が導かれる．Stokes 問題の混合型有限要素近似とその誤差評価を示す．

§4.1 関数解析の追加事項

　この節では，本章で必要となる追加事項を述べる．ノルム空間，Banach 空間と Hilbert 空間，同型写像についても復習する．

定義 4.1 実ベクトル空間 X がノルム空間であるとは，写像
$$\|\cdot\|\colon X \to [0,\infty)$$
があり，

- N1. $\|x\| = 0 \Leftrightarrow x = 0$
- N2. $\|\alpha x\| = |\alpha|\|x\|$ $(\alpha \in \mathbf{R},\ x \in X)$
- N3. $\|x+y\| \leqq \|x\| + \|y\|$ $(x,y \in X)$

を満たすときをいう．$\|x\|$ を x のノルムという．空間 X を明示するときは，$\|x\|_X$ と書く． □

定義 4.2 ノルム空間 X の点列 $\{x_n\}$, $n=1,2,\cdots$ が **Cauchy 列**であるとは，
$$\|x_m - x_n\| \to 0 \quad (m,n \to +\infty)$$
となるときをいう． □

Cauchy 列は**基本列**とも呼ばれる．

定義 4.3 ノルム空間 X が完備であるとは，Cauchy 列 $\{x_n\}$, $n=1,2,\cdots$ に対して，$x_* \in X$ があって，
$$\lim_{n \to \infty} \|x_n - x_*\| = 0$$
となるときをいう．完備なノルム空間を Banach 空間という． □

完備でないノルム空間に元を追加して，完備にすることができる．この操作を**完備化**という．

§2.1(a) で述べたように，X から Y への連続線形作用素の全体を $\mathcal{L}(X,Y)$ と書く．さらに，T^{-1} が存在して $T^{-1} \in \mathcal{L}(Y,X)$ のとき，T を X から Y への**同型写像** (isomorphism) という．X から Y への同型写像の全体を，$\mathrm{Isom}(X,Y)$ と書く．

定理 4.1 X, Y を Banach 空間とする．線形写像 $T \in \mathcal{L}(X,Y)$ が全単射であれば，$T \in \mathrm{Isom}(X,Y)$ である． □

この定理は Banach 空間の重要な性質を述べており，**Banach の定理** (Cartin[33]) や**値域定理** (藤田，黒田，伊藤 [36]) と呼ばれる．証明は，参考文献にあげた関数解析の書物等を見ていただきたい．

定義 4.4 実ベクトル空間 X が内積空間であるとは，写像
$$(\cdot,\cdot) \colon X \times X \to \mathbf{R}$$
があり，

- I1. $(x,x) = 0 \Leftrightarrow x = 0$
- I2. $(\alpha x, y) = \alpha(x,y) \quad (\alpha \in \mathbf{R},\ x,y \in X)$
- I3. $(x+y, z) = (x,z) + (y,z) \quad (x,y,z \in X)$
- I4. $(y,x) = (x,y) \quad (x,y \in X)$

を満たすときをいう．(x,y) を x と y の内積という． □

$x \in X$ に対して
$$\|x\| = \sqrt{(x,x)}$$

とおくと，$\|\cdot\|$ はノルムになる．このノルムを内積 $(\cdot,\cdot)$ から導かれるノルムという．したがって，内積空間はノルム空間になる．

定義 4.5 内積空間 X がその内積から導かれるノルムに関して完備であるとき X を Hilbert 空間という． □

この章では，Hilbert 空間 X, Y で Banach の定理 4.1 をしばしば用いる．

§4.2 鞍点型変分原理

(a) 下限上限条件

V と Q を実 Hilbert 空間，その内積を $(\cdot,\cdot)_V$ と $(\cdot,\cdot)_Q$，それらから導かれるノルムを $\|\cdot\|_V$ と $\|\cdot\|_Q$ で表す．混乱のおそれがないときは，単に $(\cdot,\cdot)$, $\|\cdot\|$ と書くこともある．V と Q の双対空間をそれぞれ，V' と Q' とする．

$b: V \times Q \to \mathbf{R}$ を連続な双一次形式とする．異なる空間での双一次形式と連続性の定義は次で与えられる．

定義 4.6 $V \times Q$ から $\mathbf{R}$ への写像 b が $V \times Q$ 上の双一次形式であるとは
$$b(c_1 v_1 + c_2 v_2, q) = c_1 b(v_1, q) + c_2 b(v_2, q) \quad (\forall c_1, c_2 \in \mathbf{R},\ \forall v_1, v_2 \in V,\ \forall q \in Q),$$
$$b(v, c_1 q_1 + c_2 q_2) = c_1 b(v, q_1) + c_2 b(v, q_2) \quad (\forall c_1, c_2 \in \mathbf{R},\ \forall v \in V,\ \forall q_1, q_2 \in Q)$$
が成立するときをいう．さらに，
$$\sup \left\{ \frac{b(v,q)}{\|v\|_V \|q\|_Q} ; v \in V,\ q \in Q,\ v \neq 0,\ q \neq 0 \right\} < +\infty \quad (4.1)$$
のとき，b は連続であるという． □

$V \times Q$ 上の連続な双一次形式の全体は
$$\|b\| = \sup \left\{ \frac{b(v,q)}{\|v\|_V \|q\|_Q} ; v \in V,\ v \neq 0,\ q \in Q,\ q \neq 0 \right\}$$
をノルムとする Banach 空間である．§2.3(a) と同様にして，連続線形作用素 $B \in \mathcal{L}(V, Q')$ と $B' \in \mathcal{L}(Q, V')$ が存在して，
$$_{Q'}\langle Bv, q \rangle_Q = {}_{V'}\langle B'q, v \rangle_V = b(v, q) \quad (v \in V,\ q \in Q)$$
$$\|B\|_{\mathcal{L}(V,Q')} = \|B'\|_{\mathcal{L}(Q,V')} = \|b\|$$

が成立する．B' を B の**双対作用素**，あるいは，**転置作用素**という．B の**核** $\operatorname{Ker} B$ を

$$\operatorname{Ker} B = \{v \in V;\ Bv = 0\} = \{v \in V;\ b(v,q) = 0,\ \forall q \in Q\}$$

で定義する．b は連続なので，$\operatorname{Ker} B$ は V の閉部分空間となり，Hilbert 空間である．

定義 4.7 $V \times Q$ 上の双一次形式 b が $V \times Q$ で**下限上限条件**を満たすとは，

$$\beta_0 \equiv \inf_{q \in Q, q \neq 0} \sup_{v \in V, v \neq 0} \frac{b(v,q)}{\|v\|_V \|q\|_Q} > 0 \tag{4.2}$$

であるときをいう． □

$V_0 = \operatorname{Ker} B$ とし，V_1 を V_0 の直交補空間，

$$V = V_0 \oplus V_1 \tag{4.3}$$

とする．(4.2) で V を V_1 で置き換えても値は変わらないので

$$\beta_0 = \inf_{q \in Q, q \neq 0} \sup_{v \in V_1, v \neq 0} \frac{b(v,q)}{\|v\|_V \|q\|_Q} \tag{4.4}$$

となる．B を V_1 に制限した作用素を B_1 をとる．そのとき，次の定理が成立する．

定理 4.2 実 Hilbert 空間 V, Q 上の連続双一次形式 b が下限上限条件 (4.2) を満たすなら，$B_1 \in \operatorname{Isom}(V_1, Q')$, $B_1' \in \operatorname{Isom}(Q, V_1')$ であり，

$$\|B_1^{-1}\|_{\mathcal{L}(Q', V_1)},\ \|B_1'^{-1}\|_{\mathcal{L}(V_1', Q)} \leq \frac{1}{\beta_0} \tag{4.5}$$

である．ここに，β_0 は (4.2) で定まる正定数である．

[証明] $B_1' \in \operatorname{Isom}(Q, V_1')$ を示す．(4.4) から，

$$\beta_0 = \inf_{q \in Q, q \neq 0} \sup_{v \in V_1, v \neq 0} \frac{\langle B_1' q, v \rangle}{\|v\|_V \|q\|_Q}$$

$$= \inf_{q \in Q, q \neq 0} \frac{\|B_1' q\|_{V_1'}}{\|q\|_Q}$$

なので，

$$\|q\|_Q \leq \frac{1}{\beta_0} \|B_1' q\|_{V_1'} \qquad (\forall q \in Q) \tag{4.6}$$

が成立する．(4.6) から B_1' は単射であり，B_1' の値域

§4.2 鞍点型変分原理

$$R_1 = \{B_1'q; q \in Q\}$$

は V_1' の閉空間になっていることがわかる．実際，$q_n \in Q$ として，$\{B_1'q_n\}$，$n = 1, 2, \cdots$ が V_1' の Cauchy 列とすると，(4.6) から $\{q_n\}$ は Q の Cauchy 列となり，その極限を $q_0 \in Q$ とすると，$\{B_1'q_n\}$ は $B_1'q_0 \in R_1$ に収束するからである．

次に，B_1' が全射になっていることを示そう．全射になっていないとする．R_1 は Hilbert 空間 V_1' の閉部分空間なので，

$$(g_0, B_1'q)_{V_1'} = 0 \qquad (\forall q \in Q)$$

となる $g_0 \neq 0$ が V_1' に存在する．Riesz 写像 τ_{V_1} を使うと，左辺は

$$\begin{aligned}(g_0, B_1'q)_{V_1'} &= {}_{V_1}\langle \tau_{V_1} g_0, B_1'q \rangle_{V_1'} \\ &= {}_{Q'}\langle B_1 \tau_{V_1} g_0, q \rangle_Q\end{aligned}$$

と変形でき，$B_1 \tau_{V_1} g_0 = 0$ となる．B_1 は単射なので，$\tau_{V_1} g_0 = 0$ となり，$g_0 = 0$ が導かれ矛盾である．したがって，B_1' は全射である．$B_1' \in \mathcal{L}(Q, V_1')$ なので，Banach の定理により，$B_1' \in \text{Isom}(Q, V_1')$ が得られる．(4.6) から (4.5) の $B_1'^{-1}$ の評価が得られる．

$B_1 \in \text{Isom}(V_1, Q')$ を示す．$v \in V_1$ を任意の元として，$B_1' \in \text{Isom}(Q, V_1')$ と (4.5) の $B_1'^{-1}$ の評価を使うと

$$\begin{aligned}\|B_1 v\|_{Q'} &= \sup_{q \in Q, q \neq 0} \frac{{}_{Q'}\langle B_1 v, q \rangle_Q}{\|q\|_Q} \\ &= \sup_{q \in Q, q \neq 0} \frac{{}_{V_1}\langle v, B_1'q \rangle_{V_1'}}{\|q\|_Q} \\ &= \sup_{f \in V_1', f \neq 0} \frac{{}_{V_1}\langle v, f \rangle_{V_1'}}{\|B_1'^{-1} f\|_Q} \\ &\geq \sup_{f \in V_1', f \neq 0} \frac{{}_{V_1}\langle v, f \rangle_{V_1'}}{\|B_1'^{-1}\|_{\mathcal{L}(V_1', Q)} \|f\|_{V_1'}} \\ &\geq \beta_0 \sup_{f \in V_1', f \neq 0} \frac{{}_{V_1}\langle v, f \rangle_{V_1'}}{\|f\|_{V_1'}} \\ &= \beta_0 \|v\|_{V_1}\end{aligned}$$

が得られる．B_1' のときと同様にして，$B_1 \in \text{Isom}(V_1, Q')$ と，(4.5) の B_1^{-1} の

評価を得ることができる. ∎

(b) 変分問題

$a\colon V\times V \to \mathbf{R}$ と $b\colon V\times Q \to \mathbf{R}$ を連続な双一次形式とする. 変分問題：$(f,g) \in V' \times Q'$ が与えられたとき，$(u,p) \in V \times Q$ で

$$a(u,v) + b(v,p) = \langle f, v \rangle \quad (\forall v \in V) \tag{4.7a}$$

$$b(u,q) = \langle g, q \rangle \quad (\forall q \in Q) \tag{4.7b}$$

を満たすものを求めよ，を考える. a から導かれる連続線形作用素 $A \in \mathcal{L}(V, V')$ (§2.3 (a) 参照) と b から導かれる連続線形作用素 $B \in \mathcal{L}(V, Q')$ とその双対作用素 $B' \in \mathcal{L}(Q, V')$ を使うと (4.7) は

$$Au + B'p = f \quad (V') \tag{4.8a}$$

$$Bu = g \quad (Q') \tag{4.8b}$$

と簡潔に書ける. (4.8a) は V' での，(4.8b) は Q' での方程式である.

定理 4.3 a が B の核 V_0 で強圧的

$$\alpha_0 \equiv \inf\left\{ \frac{a(v,v)}{\|v\|_V^2} ; v \in V_0,\ v \neq 0 \right\} > 0 \tag{4.9}$$

であり，b が $V \times Q$ で下限上限条件

$$\beta_0 \equiv \inf_{q \in Q, q \neq 0} \sup_{v \in V, v \neq 0} \frac{b(v,q)}{\|v\|_V \|q\|_Q} > 0 \tag{4.10}$$

を満たすなら，問題 (4.7) の解は存在して一意であり，

$$\|u\|_V + \|p\|_Q \leq c_0\left(\frac{1}{\alpha_0}, \frac{1}{\beta_0}, \|a\|, \|b\|\right)\left(\|f\|_{V'} + \|g\|_{Q'}\right) \tag{4.11}$$

が成立する. ここに，c_0 は引数に関して単調増加な正の関数である.

[証明] V_1 を V_0 の直交補空間とする. V の直和分解 (4.3) に対応して，

$$u = u_0 + u_1 \quad (u_0 \in V_0,\ u_1 \in V_1)$$

として解 u を構成する. B の V_1 への制限を B_1 とすると，(4.8b) は

$$B_1 u_1 = g \quad (Q')$$

と書ける. 定理 4.2 により，$B_1 \in \mathrm{Isom}(V_1, Q')$ であるので，

$$u_1 = B_1^{-1}g, \quad \|u_1\|_{V_1} \leq \frac{1}{\beta_0}\|g\|_{Q'} \tag{4.12}$$

となる. A を V_0 に制限した作用素を $A_0 \in \mathcal{L}(V_0, V_0')$ と書き, (4.8a) を V_0' で考えると,

$$A_0 u_0 = f - Au_1 \quad (V_0')$$

と書ける. (4.9) により a は V_0 で強圧的であり, Lax-Milgram の定理から $A_0 \in \mathrm{Isom}(V_0, V_0')$ となる. したがって,

$$u_0 = A_0^{-1}(f - Au_1), \quad \|u_0\|_{V_0} \leq \frac{1}{\alpha_0}\left(\|f\|_{V_0'} + \|a\|\|u_1\|_V\right) \tag{4.13}$$

となる. (4.8a) を V_1' で考えると,

$$B_1' p = f - A(u_0 + u_1) \quad (V_1')$$

と書ける. 定理 4.2 により, $B_1' \in \mathrm{Isom}(Q, V_1')$ なので,

$$p = B_1'^{-1}(f - A(u_0 + u_1)), \quad \|p\| \leq \frac{1}{\beta_0}\left(\|f\|_{V_1'} + \|a\|(\|u_0\|_V + \|u_1\|_V)\right) \tag{4.14}$$

となる. $(u, p) = (u_0 + u_1, p)$ が (4.8) を満たしていることは容易にわかる.

$$\|u\|_V = \left(\|u_0\|_{V_0}^2 + \|u_1\|_{V_1}^2\right)^{1/2}$$

と (4.12)〜(4.14) を使えば, 評価 (4.11) が得られる.

解の一意性を示そう. $(f, g) = (0, 0)$ の解を (u, p) とする. $Bu = 0$ なので, $u \in V_0$ である. $Au + B'p = 0$ と u との双対積をとり,

$$\langle B'p, u \rangle = \langle p, Bu \rangle = 0$$

を使うと, $\langle Au, u \rangle = 0$ となる. a は V_0 で強圧的なので, $u = 0$ となる. したがって, $B'p = 0$ となり, これは $B_1'p = 0$ と同一である. $B_1' \in \mathrm{Isom}(Q, V_1')$ なので, $p = 0$ となる. ∎

(c) 鞍点型変分原理

V, Q を実 Hilbert 空間とし, $a: V \times V \to \mathbf{R}$ と $b: V \times Q \to \mathbf{R}$ を連続な双一次形式とする. $(f, g) \in V' \times Q'$ とする.

$V \times Q$ 上の汎関数 $\mathcal{L}$ を

$$\mathcal{L}(v,q) = J[v] + b(v,q) - \langle g,q\rangle \tag{4.15}$$

で定義する．ここに，

$$J[v] = \frac{1}{2}a(v,v) - \langle f,v\rangle$$

であり，最小化問題 (2.14) のときと同一である．**鞍点問題** (saddle-point problem)：$(u,p) \in V \times Q$ で

$$\mathcal{L}(u,q) \leqq \mathcal{L}(u,p) \leqq \mathcal{L}(v,p) \quad (\forall (v,q) \in V \times Q) \tag{4.16}$$

を満たすものを求めよ，を考える．

定理 4.4 双一次形式 a は V で対称かつ半正定値

$$a(v,v) \geqq 0 \quad (\forall v \in V)$$

とする．このとき，変分問題 (4.7) の解と鞍点問題 (4.16) の解は一致する．

［証明］ $(u,p) \in V \times Q$ を変分問題 (4.7) の解とする．$v \in V$ を任意の元とすると，

$$\begin{aligned}
\mathcal{L}(v,p) - \mathcal{L}(u,p) &= J[v] + b(v,p) - \{J[u] + b(u,p)\} \\
&= \frac{1}{2}a(v-u,v-u) + \langle Au + B'p - f, v-u\rangle \\
&= \frac{1}{2}a(v-u,v-u) \\
&\geqq 0
\end{aligned}$$

となる．$q \in Q$ を任意の元とすると，

$$\begin{aligned}
\mathcal{L}(u,p) - \mathcal{L}(u,q) &= \langle Bu - g, p-q\rangle \\
&= 0
\end{aligned}$$

となるので，(u,p) は鞍点問題 (4.16) の解である．

$(u,p) \in V \times Q$ を鞍点問題 (4.16) の解とする．ε を任意の実数，$v \in V$ を任意の元とする．$u + \varepsilon v \in V$ を (4.16) の v に代入すると，

$$\begin{aligned}
0 &\leqq \mathcal{L}(u+\varepsilon v, p) - \mathcal{L}(u,p) \\
&= J[u+\varepsilon v] + b(u+\varepsilon v, p) - \{J[u] + b(u,p)\} \\
&= \frac{\varepsilon^2}{2}a(v,v) + \varepsilon\langle Au + B'p - f, v\rangle
\end{aligned}$$

となる．$\varepsilon \downarrow 0$ のとき，両辺を ε で割ってから極限をとると，

$$0 \leqq \langle Au + B'p - f, v\rangle$$

が得られる．同様に，$\varepsilon \uparrow 0$ として，
$$0 \geqq \langle Au + B'p - f, v \rangle$$
が成立する．$v \in V$ は任意だったので，$Au + B'p - f = 0$ となる．ε を任意の実数，$q \in Q$ を任意の元とする．$p + \varepsilon q \in Q$ を (4.16) の q に代入すると，
$$0 \leqq \mathcal{L}(u, p) - \mathcal{L}(u, p + \varepsilon q)$$
$$= -\varepsilon \langle Bu - g, q \rangle$$
が成立する．同様にして，$Bu - g = 0$ となる．したがって，(u, p) は変分問題 (4.7) の解である． ■

定理 4.4 を **鞍点型変分原理** (variational principle of saddle-point type) という．(4.7b) を満たす集合を
$$V(g) = \{v \in V; b(v, q) = \langle g, q \rangle \ (\forall q \in Q)\} \qquad (4.17)$$
とおく．拘束条件付き最小化問題：$u \in V(g)$ で
$$J[u] \leqq J[v] \qquad (\forall v \in V(g)) \qquad (4.18)$$
を満たすものを求めよ，を考える．問題 (4.18) の解は，問題 (4.16) の解の第 1 成分に一致する．汎関数 $\mathcal{L}(v, q)$ で q は拘束条件 (4.17) に対する **Lagrange 乗数**であり，問題 (4.7) は拘束のない問題になっている．

(d) Stokes 方程式

鞍点型変分原理は多くの問題に適用できる．その一例として Stokes 問題を考える．

Ω を $\mathbf{R}^m$ の有界領域，その境界 Γ は区分的に滑らかであるとする．通常，$m = 2, 3$ である．次の問題を考える．$(u, p) : \Omega \to \mathbf{R}^m \times \mathbf{R}$ で
$$-\Delta u + \nabla p = F \quad (x \in \Omega) \qquad (4.19\text{a})$$
$$\nabla \cdot u = 0 \quad (x \in \Omega) \qquad (4.19\text{b})$$
$$u = 0 \quad (x \in \Gamma) \qquad (4.19\text{c})$$
を満たすものを求めよ．ここに，F は与えられた関数
$$F \in (L^2(\Omega))^m$$
である．関数の物理的な意味は，例えば，$u = (u_1, \cdots, u_m)^\mathrm{T}$ は流速ベクトル，p は圧力，$F = (F_1, \cdots, F_m)^\mathrm{T}$ は外力である．(4.19a) はベクトル式であり，

$$-\Delta u_i + \frac{\partial p}{\partial x_i} = F_i \quad (i = 1, \cdots, m)$$

と同一である．(4.19a) を **Stokes 方程式**という．Stokes 問題 (4.19) を変分問題 (4.7) に変換する．関数空間 V と Q を

$$V = (H_0^1(\Omega))^m, \quad Q = L_0^2(\Omega) \tag{4.20}$$

とおく．ここに

$$L_0^2(\Omega) = \left\{ q \in L^2(\Omega); \int_\Omega q \, dx = 0 \right\}$$

である．u を V に，p を Q に求める．(u, p) が問題 (4.19) の解であれば，任意の実数 c に対して $(u, p + c)$ も解になる．その定数の自由度を消すために，Q に付帯条件がついている．V と Q は，それぞれ，

$$(u, v)_V = \int_\Omega \left(u \cdot v + \sum_{i=1}^m \nabla u_i \cdot \nabla v_i \right) dx \quad (u, v \in V)$$

$$(p, q)_Q = \int_\Omega pq \, dx \quad (p, q \in Q)$$

を内積とする Hilbert 空間である．

(4.19a) の両辺に $v \in V$ をかけて Ω で積分し Gauss-Green の定理 2.2 と境界条件 (4.19c) を用い，(4.19b) の両辺に $-q \in Q$ をかけて Ω で積分すると，鞍点型変分問題：$(u, p) \in V \times Q$ で

$$a(u, v) + b(v, p) = \langle f, v \rangle \quad (\forall v \in V) \tag{4.21a}$$

$$b(u, q) = 0 \quad (\forall q \in Q) \tag{4.21b}$$

を満たすものを求めよ，が得られる．ここに，a, b, f は

$$a(u, v) = \sum_{i=1}^m \int_\Omega \nabla u_i \cdot \nabla v_i \, dx \quad (u, v \in V) \tag{4.22}$$

$$b(v, q) = -\int_\Omega (\nabla \cdot v) q \, dx \quad (v \in V, \ q \in Q) \tag{4.23}$$

$$\langle f, v \rangle = \int_\Omega F \cdot v \, dx \quad (v \in V) \tag{4.24}$$

で定義される双一次形式と線形汎関数である．Poisson 方程式のときと同様に，(4.21) を問題 (4.19) の**弱形式**という．この弱形式では，u に 1 階の微分可能性

が課せられ，p に微分可能性は課せられない．

補題 4.1 $(u,p) \in (H^2(\Omega))^m \times H^1(\Omega)$ とする．(u,p) が問題 (4.21) の解であることと問題 (4.19) の解であることとは同値である． □

証明は Poisson 方程式のとき (補題 2.1) と同様なので省略する．

次の定理は発散作用素に関する重要な結果を述べている．証明は，Temam[26] や Girault-Raviart[12] などを参照していただきたい．

定理 4.5 発散作用素 div は $H_0^1(\Omega)^m$ から $L_0^2(\Omega)$ への全射である． □

この定理により次の結果を得る．

定理 4.6 変分問題 (4.21) の解 (u,p) は存在して一意である．

［証明］ a が $V \times V$ 上の連続双一次形式であること，b が $V \times Q$ 上の連続双一次形式であること，$f \in V'$ であることは容易にわかる．B の核 V_0 は
$$V_0 = \{v \in V\,;\, \operatorname{div} v = 0\}$$
と書ける．実際，右辺が左辺に含まれることは自明であるし，$v \in V_0$ とすると，任意の $q \in L^2(\Omega)$ に対し $c \in \mathbf{R}$ を $q - c \in Q$ となるように選ぶと，
$$\begin{aligned}(\operatorname{div} v, q)_{L^2(\Omega)} &= (\operatorname{div} v, q-c)_{L^2(\Omega)} \\ &= -b(v, q-c) \\ &= -\langle Bv, q-c \rangle \\ &= 0\end{aligned}$$
となるので $\operatorname{div} v = 0$ となり，左辺が右辺に含まれることもわかる．

Poincaré の不等式の系 2.1 に現れる定数 c を使うと
$$\inf\left\{\frac{a(v,v)}{\|v\|_V^2}\,;\, v \in V_0, v \neq 0\right\} \geqq \inf\left\{\frac{a(v,v)}{\|v\|_V^2}\,;\, v \in V, v \neq 0\right\}$$
$$\geqq 1/c^2$$
となるので，$\alpha_0 = 1/c^2$ として，(4.9) が成立する．

(4.10) が成立することを示す．V_1 を V_0 の直交補空間とし，div を V_1 に制限した作用素を T_1 とする．$T_1 \in \mathcal{L}(V_1, Q)$ である．T_1 は単射である．実際，$v \in V_1$ で $T_1 v = 0$ とすると，$\operatorname{div} v = 0$ なので $v \in V_0$ となり，$v \in V_0 \cap V_1 = \{0\}$ となるからである．定理 4.5 から div は Q への全射なので，T_1 も全射になる．したがって，Banach の定理より，$T_1 \in \operatorname{Isom}(V_1, Q)$ である．このことから，

$$\inf_{q\in Q, q\neq 0} \sup_{v\in V, v\neq 0} \frac{b(v,q)}{\|v\|_V \|q\|_Q} = \inf_{q\in Q, q\neq 0} \sup_{v\in V, v\neq 0} \frac{(-\operatorname{div} v, q)_{L^2(\Omega)}}{\|v\|_V \|q\|_Q}$$

$$\geq \inf_{q\in Q, q\neq 0} \sup_{v\in V_1, v\neq 0} \frac{(-T_1 v, q)_Q}{\|v\|_V \|q\|_Q}$$

$$\geq \inf_{q\in Q, q\neq 0} \frac{(q,q)_Q}{\|T_1^{-1}(-q)\|_V \|q\|_Q}$$

$$\geq 1/\|T_1^{-1}\|_{\mathcal{L}(Q,V_1)}$$

$$> 0$$

となり,(4.10) が成立する.したがって,定理 4.3 により,解 $(u, p) \in V \times Q$ が存在して一意である. ∎

§4.3 混合型有限要素近似

(a) 誤差評価

V と Q を実 Hilbert 空間とする. $a\colon V \times V \to \mathbf{R}$ と $b\colon V \times Q \to \mathbf{R}$ を連続な双一次形式とする. V_h と Q_h を V と Q の有限次元部分空間とする. $v_h \in V_h$ のとき $\|v_h\|_{V_h} = \|v_h\|_V$ であり, $q_h \in Q_h$ のとき $\|q_h\|_{Q_h} = \|q_h\|_Q$ である. 変分問題 (4.7) に対応する有限次元問題:$(f_h, g_h) \in V_h' \times Q_h'$ が与えられたとき, $(u_h, p_h) \in V_h \times Q_h$ で

$$a(u_h, v_h) + b(v_h, p_h) = \langle f_h, v_h \rangle \quad (\forall v_h \in V_h) \tag{4.25a}$$

$$b(u_h, q_h) = \langle g_h, q_h \rangle \quad (\forall q_h \in Q_h) \tag{4.25b}$$

を満たすものを求めよ,を考える. (4.25) は未知関数 (u_h, p_h) を求める問題であり, V_h と Q_h に有限要素空間を使うとき,**混合型有限要素近似**と呼ばれる.

a を V_h 上の双一次形式 $a\colon V_h \times V_h \to \mathbf{R}$ とみて,この連続双一次形式から導かれる連続線形作用素 $A_h \in \mathcal{L}(V_h, V_h')$ を定める(§2.3(a) 参照). 同様にして, $b\colon V_h \times Q_h \to \mathbf{R}$ から導かれる連続線形作用素 $B_h \in \mathcal{L}(V_h, Q_h')$ とその双対作用素 $B_h' \in \mathcal{L}(Q_h, V_h')$ を定める(§4.2(a) 参照). ノルムの定義から,

$$\|A_h\|_{\mathcal{L}(V_h, V_h')} \leqq \|A\|_{\mathcal{L}(V, V')} = \|a\| \tag{4.26}$$

$$\|B_h\|_{\mathcal{L}(V_h, Q_h')} = \|B_h'\|_{\mathcal{L}(Q_h, V_h')} \leqq \|B\|_{\mathcal{L}(V, Q')} = \|B'\|_{\mathcal{L}(Q, V')} = \|b\| \tag{4.27}$$

である．これらの作用素を使うと (4.25) は

$$A_h u_h + B'_h p_h = f_h \quad (V'_h) \tag{4.28a}$$
$$B_h u_h = g_h \quad (Q'_h) \tag{4.28b}$$

と簡潔に書ける．B_h の核を

$$V_{h0} = \{v_h \in V_h ; b(v_h, q_h) = 0, \ \forall q_h \in Q_h\} \tag{4.29}$$

とおく．定理 4.3 により次の結果を得る．

系 4.1 h に依存しない正定数 α と β が存在して，a が V_{h0} で h に一様に強圧的

$$\inf\left\{\frac{a(v_h, v_h)}{\|v_h\|_{V_h}^2} ; v_h \in V_{h0}, \ v_h \neq 0\right\} \geqq \alpha \tag{4.30}$$

であり，b が h に一様に $V_h \times Q_h$ で下限上限条件

$$\inf_{q_h \in Q_h, q_h \neq 0} \sup_{v_h \in V_h, v_h \neq 0} \frac{b(v_h, q_h)}{\|v_h\|_{V_h} \|q_h\|_{Q_h}} \geqq \beta \tag{4.31}$$

を満たしているなら，(4.25) の解 (u_h, p_h) は存在して一意であり，

$$\|u_h\|_{V_h} + \|p_h\|_{Q_h} \leqq c_0\left(\frac{1}{\alpha}, \frac{1}{\beta}, \|a\|, \|b\|\right)\left(\|f_h\|_{V'_h} + \|g_h\|_{Q'_h}\right) \tag{4.32}$$

が成立する． □

系 4.1 は近似変分問題が安定であることを示している．

$V_h \subset V$, $Q_h \subset Q$ なので，f_h として f を V_h に制限したもの，g_h として g を Q_h に制限したものをとることができる．このとき，問題 (4.25) は

$$a(u_h, v_h) + b(v_h, p_h) = \langle f, v_h \rangle \quad (\forall v_h \in V_h) \tag{4.33a}$$
$$b(u_h, q_h) = \langle g, q_h \rangle \quad (\forall q_h \in Q_h) \tag{4.33b}$$

となる．

定理 4.7 双一次形式 a と b に (4.9) と (4.10) を仮定する．h に依存しない正定数 α と β が存在して，(4.30) と (4.31) を満たすとする．(u, p) を (4.7) の解，(u_h, p_h) を (4.33) の解とすると

$$\|u_h - u\|_V + \|p_h - p\|_Q$$
$$\leqq c_1\left(\frac{1}{\alpha}, \frac{1}{\beta}, \|a\|, \|b\|\right)\left(\inf_{v_h \in V_h} \|u - v_h\|_V + \inf_{q_h \in Q_h} \|p - q_h\|_Q\right) \tag{4.34}$$

が成立する. ここに, c_1 は引数に関して単調増加な正の関数である.

[証明] $(w_h, r_h) \in V_h \times Q_h$ を任意に定める. 任意の $v_h \in V_h$ に対して,
$$a(u_h - w_h, v_h) + b(v_h, p_h - r_h) = \langle f, v_h \rangle - a(w_h, v_h) - b(v_h, r_h)$$
$$= a(u - w_h, v_h) + b(v_h, p - r_h)$$
$$\equiv \langle f_h, v_h \rangle$$

となる. ここに, f_h は上式で定義される. $f_h \in V_h'$ であり,

$$\|f_h\|_{V_h'} \leqq \|a\| \|u - w_h\|_V + \|b\| \|p - r_h\|_Q$$

が成立する. 実際,
$$\langle f_h, v_h \rangle = a(u - w_h, v_h) + b(v_h, p - r_h)$$
$$\leqq (\|a\| \|u - w_h\|_V + \|b\| \|p - r_h\|_Q) \|v_h\|_{V_h}$$

と評価されるからである. 任意の $q_h \in Q_h$ に対して,
$$b(u_h - w_h, q_h) = \langle g, q_h \rangle - b(w_h, q_h)$$
$$= b(u - w_h, q_h)$$
$$\equiv \langle g_h, q_h \rangle$$

となる. ここに, g_h は上式で定義される. $g_h \in Q_h'$ であり,

$$\|g_h\|_{Q_h'} \leqq \|b\| \|u - w_h\|_V$$

が成立する. 実際,
$$\langle g_h, q_h \rangle = b(u - w_h, q_h)$$
$$\leqq \|b\| \|u - w_h\|_V \|q_h\|_{Q_h}$$

と評価されるからである. したがって, $(u_h - w_h, p_h - r_h) \in V_h \times Q_h$ は, $(f_h, g_h) \in V_h' \times Q_h'$ に対する問題 (4.25) の解になっている. 系 4.1 により,

$$\|u_h - w_h\|_{V_h} + \|p_h - r_h\|_{Q_h}$$
$$\leqq c_0 \left(\frac{1}{\alpha}, \frac{1}{\beta}, \|a\|, \|b\| \right) \left(\|a\| \|u - w_h\|_V + \|b\| \|p - r_h\|_Q + \|b\| \|u - w_h\|_V \right)$$

となる. 三角不等式
$$\|u_h - u\|_V \leqq \|u_h - w_h\|_V + \|u - w_h\|_V$$
$$\|p_h - p\|_Q \leqq \|p_h - r_h\|_Q + \|p - r_h\|_Q$$

と結び付けると,

§4.3 混合型有限要素近似

$$\|u_h - u\|_V + \|p_h - p\|_Q$$
$$\leqq \Big\{c_0(\|a\| + \|b\|) + 1\Big\}\|u - w_h\|_V + \Big(c_0\|b\| + 1\Big)\|p - r_h\|_Q$$
$$\leqq c_1\Big(\frac{1}{\alpha}, \frac{1}{\beta}, \|a\|, \|b\|\Big)\Big(\|u - w_h\|_V + \|p - r_h\|_Q\Big)$$

となる. ここに,

$$c_1\Big(\frac{1}{\alpha}, \frac{1}{\beta}, \|a\|, \|b\|\Big) = c_0\Big(\frac{1}{\alpha}, \frac{1}{\beta}, \|a\|, \|b\|\Big)(\|a\| + \|b\|) + 1$$

である. (w_h, r_h) は任意だったので, (4.34) が得られる. ∎

(b) Stokes 方程式の有限要素近似

Stokes 問題 (4.19) の有限要素近似を考える. V_h を $V \equiv (H_0^1(\Omega))^m$ の有限次元部分空間, Q_h を $Q \equiv L_0^2(\Omega)$ の有限次元部分空間とする. (4.33) で $g = 0$ とおけば, Stokes 問題の有限要素近似: $(u_h, p_h) \in V_h \times Q_h$ で

$$a(u_h, v_h) + b(v_h, p_h) = \langle f, v_h \rangle \quad (\forall v_h \in V_h) \qquad (4.35\text{a})$$
$$b(u_h, q_h) = 0 \quad (\forall q_h \in Q_h) \qquad (4.35\text{b})$$

を満たすものを求めよ, が得られる.

系 4.2 正定数 β が存在して, (4.31) を満たしているなら, (4.35) の解 $(u_h, p_h) \in V_h \times Q_h$ は存在して一意である. さらに, 正定数 β が h に依存しないなら, (4.21) の解 (u, p) との誤差評価

$$\|u_h - u\|_V + \|p_h - p\|_Q \leqq c_2 \Big(\inf_{v_h \in V_h} \|u - v_h\|_V + \inf_{q_h \in Q_h} \|p - q_h\|_Q\Big) \qquad (4.36)$$

が成立する. ここに, c_2 は h に依存しない正定数である.

［証明］ $B_h \in \mathcal{L}(V_h, Q_h')$ を b から導かれる作用素とし, V_{h0} をその核 (4.29) とする. $V_{h0} \subset V_h \subset V$ であり, Poincaré の不等式の系 2.1 に現れる定数 c を使うと

$$\inf\left\{\frac{a(v_h, v_h)}{\|v_h\|_V^2}; v_h \in V_{h0}, v_h \neq 0\right\} \geqq \inf\left\{\frac{a(v, v)}{\|v\|_V^2}; v \in V, v \neq 0\right\}$$
$$\geqq 1/c^2$$

となるので，$\alpha = 1/c^2$ として，(4.30) が h に依存しない α で成立する．仮定により (4.31) が満たされるので，定理 4.3 で V, Q に V_h, Q_h を適用すると，(4.35) の解 $(u_h, p_h) \in V_h \times Q_h$ が存在して一意であることがわかる．さらに，正定数 β が h に依存しないときは，定理 4.7 を適用して結果を得る． ∎

鞍点型変分問題の一意可解性のために，定理 4.3 で
- a が B の核 V_0 で強圧的であること
- b が $V \times Q$ で下限上限条件を満たすこと

を課した．Stokes 問題では，a は V_0 で強圧的であるだけでなく，V 全体で強圧的である．そのために，有限要素近似で必要となる対応する条件のうち，前者の条件，すなわち，a が V_{h0} で一様に強圧的であることは自動的に満たされる．一方，後者はそうでない．b が $V \times Q$ で下限上限条件を満たしても，その部分空間である $V_h \times Q_h$ で下限上限条件を満たすとは限らない．実際，(4.31) の左辺は，(4.2) の左辺に比べて下限を取る範囲が Q から Q_h に狭まるので値は増大するが，上限を取る範囲も V から V_h に狭まり値は減少するので，結論は得られない．有限要素空間 $V_h \times Q_h$ での下限上限条件 (4.31) は連続問題から引き継がれる性質でなく，2 つの有限要素空間 V_h と Q_h の選択に課せられた条件である．

下限上限条件が成り立つ V_h と Q_h の組み合わせを得るには，定理 4.5 から div が V_h を Q_h に全射か，それに近く移せば良いと推察できる．そのためには，V_h が Q_h に比べて，十分に自由度を持っていなければならない．三角形 2 次要素（→演習問題 2.2）と三角形 1 次要素の組み合わせは下限上限条件 (4.31) を満たす代表的な例で Hood-Taylor 要素と呼ばれる．

補題 4.2 $\{\mathcal{T}_h\}_{h \downarrow 0}$ を $\mathbf{R}^2$ の多角形領域 Ω の一様正則な分割列とする．$V_h \subset (H_0^1(\Omega))^2$ を三角形 2 次要素からなる有限要素空間，$Q_h \subset L_0^2(\Omega)$ を三角形 1 次要素からなる有限要素空間とすると，h に依存しない正定数 β が存在して (4.31) が成立する． □

系 4.3 V_h, Q_h を補題 4.2 の有限要素空間とする．そのとき，(4.35) の解 (u_h, p_h) は存在して一意であり，(4.21) の解 (u, p) が $(H^3(\Omega))^2 \times H^2(\Omega)$ に属していれば，誤差評価

$$\|u_h - u\|_V + \|p_h - p\|_Q \leq ch^2 \left(|u|_{3,2,\Omega} + |p|_{2,2,\Omega} \right)$$

が成立する．ここに，c は h と (u, p) に依存しない正定数である．

[証明] 補題 4.2 により系 4.2 が適用でき，補間誤差評価 (2.32) により結果が得られる． ∎

補題 4.2 の結果は $\mathbf{R}^3$ で四面体 2 次要素と四面体 1 次要素の組み合わせでも成立する．さらに，$\mathbf{R}^2$ で四角形 2 次要素と四角形 1 次要素の組み合わせ，$\mathbf{R}^3$ で六面体 2 次要素と六面体 1 次要素の組み合わせでも成立する．その証明をここで述べるスペースはないが，マクロエレメントの理論を使えば，下限上限条件を満たす他の要素の場合も込めて，統一的な証明をすることができる (Brezzi-Fortin[27])．

演習問題

4.1 (4.27) を示せ．

4.2 変分問題 (4.7) で，$X = V \times Q$ とする．$\mathcal{A}: X \times X \to \mathbf{R}$ と $\mathcal{F}: X \to \mathbf{R}$ を，$\boldsymbol{u} = (u, p)$，$\boldsymbol{v} = (v, q)$ として，
$$\mathcal{A}(\boldsymbol{u}, \boldsymbol{v}) = a(u, v) + b(v, p) + b(u, q) \quad (\boldsymbol{u}, \boldsymbol{v} \in X)$$
$$\langle \mathcal{F}, \boldsymbol{v} \rangle = \langle f, v \rangle + \langle g, q \rangle \quad (\boldsymbol{v} \in X)$$
で定義する．X は
$$(\boldsymbol{u}, \boldsymbol{v})_X = (u, v)_V + (p, q)_Q \quad (\boldsymbol{u}, \boldsymbol{v} \in X)$$
を内積とする Hilbert 空間であることを示せ．また，$\mathcal{A}$ は X 上の連続な双一次形式であること，$\mathcal{F}$ は X 上の連続な一次形式であることを示せ．

4.3 問題 4.2 の記号を使うと，変分問題 (4.7) は $\mathcal{F} \in X'$ が与えられたとき，$\boldsymbol{u} \in X$ で
$$\mathcal{A}(\boldsymbol{u}, \boldsymbol{v}) = \langle \mathcal{F}, \boldsymbol{v} \rangle \quad (\forall \boldsymbol{v} \in X)$$
を満たすものを求めよ，と同一であることを示せ．(4.9) と (4.10) が満たされれば，
$$\mathcal{A} \in \mathrm{Isom}(X, X')$$
であることを示せ．さらに，
$$\inf_{\boldsymbol{u} \in X, \boldsymbol{u} \neq 0} \sup_{\boldsymbol{v} \in X, \boldsymbol{v} \neq 0} \frac{\mathcal{A}(\boldsymbol{u}, \boldsymbol{v})}{\|\boldsymbol{u}\|_X \|\boldsymbol{v}\|_X} > 0$$
であることを示せ．

付録

§A.1 有限要素の例

(a) 四角形要素

$m=2$ として $\hat{e}$ を $\hat{P}_1(1,0), \hat{P}_2(1,1), \hat{P}_3(0,1), \hat{P}_4(0,0)$ を4頂点とする正方形とする.この正方形を**参照正方形**という.

$$\hat{\phi}_1(\hat{x}_1,\hat{x}_2) = \hat{x}_1(1-\hat{x}_2), \quad \hat{\phi}_2(\hat{x}_1,\hat{x}_2) = \hat{x}_1\hat{x}_2,$$
$$\hat{\phi}_3(\hat{x}_1,\hat{x}_2) = (1-\hat{x}_1)\hat{x}_2, \quad \hat{\phi}_4(\hat{x}_1,\hat{x}_2) = (1-\hat{x}_1)(1-\hat{x}_2)$$

とおく.$\{\hat{P}_j, \hat{\phi}_j\}_{j=1}^4$ は $\hat{e}$ 内にある節点と基底関数の組であり,(2.21) を満たしている.$\mathcal{T}_h$ を $\mathbf{R}^2$ の多角形領域 Ω の凸四角形分割とする.$e \in \mathcal{T}_h$ の4頂点を $\{P_{i(j)}\}_{j=1}^4$ とする.$P_{i(j)}$ は正の向きに並んでいるものとする.写像 F を

$$F(\hat{x}_1, \hat{x}_2) = \sum_{j=1}^4 P_{i(j)} \hat{\phi}_j(\hat{x}_1,\hat{x}_2) \quad (\hat{x} \in \hat{e})$$

とすると,F で $\hat{e}$ は e に移る.(2.24) により基底関数 $\phi_i(x)$ が定まる.このようにして得られる $(\mathcal{T}_h, \{P_i, \phi_i\}_{i=1}^{N_p})$ を**四角形1次要素分割**という.この要素を**四角形1次要素**という.$\mathcal{Q}_1$ **要素**ともいわれる.

参照正方形上に節点 $\hat{P}_5(\frac{1}{2},0), \hat{P}_6(1,\frac{1}{2}), \hat{P}_7(\frac{1}{2},1), \hat{P}_8(0,\frac{1}{2}), \hat{P}_9(\frac{1}{2},\frac{1}{2})$ を追加して,多項式

$$\{\hat{x}_1^{\alpha_1} \hat{x}_2^{\alpha_2}; \ 0 \leqq \alpha_1, \alpha_2 \leqq 2\}$$

で基底関数を構成する要素を**四角形2次要素**という.$\mathcal{Q}_2$ **要素**ともいわれる.

これらは,$m=3$ に自然に拡張される.

(b) Hermite 要素

(2.26) のように節点での関数値のみを使う補間を **Lagrange 補間**といい,対応する要素を **Lagrange 要素**という.一方,節点での微係数も使う補間を **Hermite**

補間といい,対応する要素を **Hermite 要素**という.例えば,三角形1次要素の3頂点に,x_1, x_2 方向の微係数の自由度と,重心での関数値の自由度を加えた要素は,10自由度を持ち,3次多項式で基底関数を表現することができる.この要素を **Hermite 3 次要素**という.

§A.2 数値計算の具体例

数値解析の最終的な目的は,もろもろの現象を記述する方程式を実際に計算機を用いて解き,現象を解析することである.そのためには,計算スキームの構成,プログラムの作成,連立一次方程式のソルバーの用意などもしなければならない.さらに,使用可能な計算機環境まで考慮する必要がある.本書で解説したのは,計算スキームの構成に関する部分のみであるが,この部分が正しくできていないとその後の努力は無駄になる.

数値計算で良好な答えを得るには"秘伝"は不要である.正当な解析に基づいた計算スキームを用いれば,誰でも適切な計算結果を得ることができる.例えば,§2.5 で扱った安定条件を無視しては適切な計算結果を得るどころか計算が途中で破綻してしまう.安定条件は秘伝でなく数値解析の理論結果なのである.とくに,第2章,第3章でしばしば用いた関数解析の知識はこれらの解析に有用であり,豊富な理論結果を導いた.

しかし,はじめに述べたように数値解析は現実の問題を前にして役に立つものでなければならない.ここでは,具体的な計算結果の実例2題を紹介する.第1例は,本書で取り扱った Poisson 方程式である.第2例は,Navier-Stokes 方程式であり,非線形である.本書では,解説するスペースがなかったが,非線形問題は数値解析の重要性が一層増す分野である.

(a) 翼周りのポテンシャル流れ

2次元の非回転,非圧縮流れ $u(x_1, x_2) = (u_1, u_2)$ は速度ポテンシャル $\phi(x_1, x_2)$ を用いて

$$\frac{\partial \phi}{\partial x_1} = u_1, \quad \frac{\partial \phi}{\partial x_2} = u_2$$

と表現される. 一様流速 $(1,0)$ の中にある翼周りの流れを求める問題は図 A.1 の領域 Ω で

$$-\Delta \phi = 0$$

を満たし, 左側境界, 翼と上下の境界, 右側境界でそれぞれ

$$\frac{\mathrm{d}\phi}{\mathrm{d}n} = -1, \quad \frac{\mathrm{d}\phi}{\mathrm{d}n} = 0, \quad \phi = 0$$

の境界条件を満たす関数 ϕ を求めることに帰着される. これは, §2.2 で取り扱った問題の範疇にある. 三角形 1 次要素を用いて有限要素法で解析する.

領域を図 A.1 のように三角形分割する. 要素数は 2176, 節点数は 1168 である. 総自由度は 1168 である (有限要素法のプログラムでは, 通常, 境界 Γ_0 上の節点も変数として取り扱う). その計算結果は図 A.2 に示されている. 点線が $\phi = $ const. である等ポテンシャル線であり, 実線が流線である.

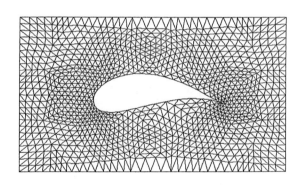

図 A.1 領域 Ω とその要素分割

図 A.2 で流線は, 流れ関数 $\psi = $ const. と表現できる.

$$\xi_1 = \phi(x_1, x_2), \quad \xi_2 = \psi(x_1, x_2)$$

とおき, (x_1, x_2) から (ξ_1, ξ_2) への写像 F を考える. 図 A.2 を F で移すと, 元の領域 Ω はスリットの入った長方形領域 $F(\Omega)$ になり, 直交格子網が得られる.

領域 Ω である偏微分方程式が与えられているとする. x から ξ への独立変数の変更により元の偏微分方程式も変更されるが, ξ を独立変数として領域 $F(\Omega)$ で差分法を適用することができる. $F(\Omega)$ のことを**計算領域**, Ω のことを**物理領域**という. 計算領域での格子は物理領域で境界に沿った曲がった格子になり,

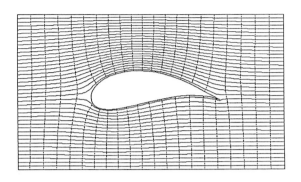

図 A.2 等ポテンシャル線と流線

その格子点での値を求める．このように，一般の領域 Ω で差分法が使えるように格子生成することを**グリッドジェネレーション** (grid generation) という．

(b) 円柱周りの流れ

2 次元領域で非圧縮粘性流体を考える．一様流中に置かれた円柱周りの流れを解析する．この現象は，流速 $u = (u_1, u_2)$, 圧力 p を未知関数とする Navier-Stokes 方程式

$$\frac{\partial u}{\partial t} + (u \cdot \mathrm{grad})u - \frac{1}{R_e}\Delta u + \mathrm{grad}\, p = 0$$

$$\mathrm{div}\, u = 0$$

で記述される．ここに，R_e は Reynolds 数である．

図 A.3に解析領域 Ω と境界条件が示されている．ここに，

$$\tau_i = \sum_{j=1}^{2}\left\{-p\delta_{ij} + \frac{1}{R_e}\left(\frac{\partial u_i}{\partial x_j} + \frac{\partial u_j}{\partial x_i}\right)\right\} n_j$$

であり，$n = (n_1, n_2)$ は外向き単位法線ベクトルである．この問題の有限要素計算スキームの解説は省略する[*1]．

図 A.3の要素分割を用いる．要素数は 4320 である．円柱付近には境界層と呼

[*1] 詳細については, Tabata, M. and Fujima, S., Finite-element analysis of high Reynolds number flows past a circular cylinder, Journal of Computational and Applied Mathematics, 38(1991), 411–424 を参照．

§A.2 数値計算の具体例

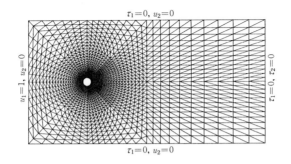

図 A.3　領域の要素分割と境界条件 (円柱上では $u=0$)

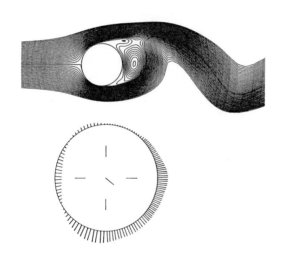

図 A.4　流線と円柱に働く力

ばれる流速が急激に変化する層が生じる．その変化をより良く捕らえる目的で非常に小さい要素を用いているため円柱付近は黒くなっている．流速と圧力の総自由度は 19810 であり，かなり規模の大きな計算になっている．図 A.4 の上図は，$R_e = 10^4$ のある時刻の流線を示している．現象は非定常で Kármán 渦列が形成される．下図は，円柱に働く力を示したもので，中心に円柱が受ける合力が書いてある．この水平成分は抗力，垂直成分は揚力と呼ばれる．図では負の揚力になっている．円柱周りの流れでは，揚力は周期的に正，負を繰り返す

が，図 A.1 のような翼形を適当な仰角で一様流中におくと，常に正の揚力が生じる．これが航空機が浮上する原理である．逆に，自動車の設計では，正の揚力が生じて車体が浮くことがないように形状を決定する必要がある．

参考書

第 1 章

[1] Rjabenki, V.S. and Filippow, A.F., Über die Stabilität von Differenzengleichungen, Deutscher Verlag der Wissenschaften, Berlin, 1960.

[2] Richtmyer, R.D. and Morton, K.W., Difference Methods for Initial Value Problems, Interscience, New York, 1967.

[3] 山口昌哉, 野木達夫, 数値解析の基礎—偏微分方程式の初期値問題, 共立出版, 1969.

[4] 杉原正顯, 室田一雄, 線形計算の数理, 岩波書店, 2009.

[5] 森正武, 室田一雄, 杉原正顯, 数値計算の基礎, 岩波講座 応用数学, 岩波書店, 1993.

[6] Roache, P.J., Computational Fluid Dynamics, Hermosa, Albuquerque, 1972, 高橋亮一他 (訳), コンピュータによる流体力学 (上)(下), 構造計画研究所, 1978.
[6] は差分法の流体力学への応用である.

第 2 章

[7] Ciarlet, P.G., The Finite Element Method for Elliptic Problems, SIAM, New York, 2002.

[8] Raviart, P.A. and Thomas, J.M., Introduction à l'Analyse Numérique des Équations aux Dérivées Partielles, Masson, Paris, 1983.

[9] Ciarlet, P.G. and Lions, J.L., editors, Handbook of Numerical Analysis, Vol.2, Finite Element Methods (Part 1), Elsevier, Amsterdam, 1991.

[10] Strang, G. and Fix, G.J., An Analysis of the Finite Element Method, Prentice-Hall, Englewood Cliffs, 1973, 三好哲彦, 藤井宏 (訳), 有限要素法の理論, 培風館, 1976.

[11] Nishida, T., Mimura, M. and Fujii, H., editors, Patterns and Waves, Kinoku-niya/North-Holland, Tokyo, 1986.

[12] Girault, V. and Raviart, P.A., Finite Element Methods for Navier-Stokes Equations, Theory and Algorithms, Springer Series in Computational Mathematics, Vol.5, Springer Berlin, 1986.

[13] Ikeda, T., Maximum Principle in Finite Element Models for Convection-Diffusion Phenomena, Lecture Notes in Numerical and Applied Analysis, Vol.4, North-Holland, Tokyo, 1983.

[14] 菊地文雄, 有限要素法概説, サイエンス社, 1980.

[15] 菊地文雄, 有限要素法の数理, 培風館, 1994.

[16] 森正武, 有限要素法とその応用, 岩波書店, 1983.

[17] 田端正久, 中尾充宏, 偏微分方程式から数値シミュレーションへ／計算の信頼性評価, 講談社, 2008.

[18] Thomasset, F., Implementation of Finite Element Methods for Navier-Stokes Equations, Springer, New York, 1981.

[19] Zienkiewicz, O.C., The Finite Element Method in Engineering Science, McGraw-Hill, New York, 1977.

[20] Bathe, K.J. and Wilson, E.L., Numerical Methods in Finite Element Analysis, Prentice-Hall, Englewood Cliffs, 1976, 菊地文雄 (訳), 有限要素法の数値計算, 科学技術出版社, 1979.

[21] Hughes, T.J.R., The Finite Element Method: linear static and dynamic finite element analysis, Dover Publications, New York, 2000.

[17] は本書の理論解析に忠実なプログラミング手法とその数値的検証を述べている. [18]〜[21] は有限要素法の工学への応用である.

第3章

[22] Johnson, C., Numerical Solution of Partial Differential Equations by the Finite Element Method, Cambridge Univ. Press, Cambridge, 1987.

[23] Kellogg, O.D., Foundations of Potential Theory, Springer, Berlin, 1967.

[24] Brebbia, C.A., The Boundary Element Method for Engineers, Pentech Press, 1978, 神谷紀生, 田中正隆, 田中喜久昭 (訳), 境界要素法入門, 培風館, 1980.

[25] 境界要素法研究会編, 境界要素法の応用, コロナ社, 1987.

[24], [25] は境界要素法の工学への応用である.

第4章

[26] Temam, R., Navier-Stokes Equations — Theory and Numerical Analysis, North-Holland, Amsterdam, 1977.

[27] Brezzi, F., Fortin, M., Mixed and Hybrid Finite Element Methods, Springer,

New York, 1991.
これら以外に [12] も鞍点型問題，とくに流れ問題に関する多くの記述がある．

つぎのハンドブックは，本書の第 1 章から第 4 章すべてに関連しており，計算力学の背景となる基礎理論を広範にかつ丁寧に解説している．
[28] Stein, E., De Borst, R., Hughes, T.J.R., Encyclopedia of Computational Mechanics, Volume I, Fundamentals, John Wiley & Sons, 2004, 田端正久，萩原一郎 (監訳), 計算力学理論ハンドブック, 朝倉書店, 2010.

この他，数理物理学に関する書物として
[29] Schwartz, L., Méthodes Mathématiques pour les Sciences Physiques, Hermann, Paris, 1961, 吉田耕作, 渡辺二郎 (訳), 物理数学の方法, 岩波書店, 1966.
[30] Courant, R. and Hilbert, D., Methoden der Mathematischen Physik, I., Springer, Berlin, 1931, 齋藤利弥 (監訳), 数理物理学の方法 (全 4 巻), 東京図書, 1959.
[31] Duvaut, G. and Lions, J.L., Les Inéquations en Méchanique et en Physique, Dunod, Paris, 1972.
を，Sobolev 空間，関数解析，偏微分方程式に関する書物として
[32] Adams, R.A., Sobolev Spaces, Academic Press, New York, 1975.
[33] Cartan, H., Calcul différentiel, Hermann, 1967, (英訳)Differential Calculus, Hermann, Paris, 1971.
[34] Rudin, W., Real and Complex Analysis, McGraw-Hill, New York, 1966.
[35] Taylor, A.E., Introduction to Functional Analysis, John Wiley & Sons., New York, 1958.
[36] 藤田宏，黒田成俊，伊藤清三，関数解析，岩波書店，1991.
[37] 溝畑茂，偏微分方程式論，岩波書店，1965.
[38] 岡本久，中村周，関数解析，岩波書店，2006.
を，数値計算プログラムまで書いてある書物として
[39] 高橋亮一，応用数値解析，朝倉書店，1993.
[40] 川原睦人，有限要素法流体解析，日科技連出版社，1985.
[41] 登坂宣好，大西和榮，偏微分方程式の数値シミュレーション，東京大学出版会，1991.
を挙げておく．

演習問題解答

第1章

1.1 境界 Γ 上の任意の点を (x_1, y_1) とすると
$$x_1^2 + y_1^2 = 1$$
である.したがって,
$$u(x_1, y_1) = 0$$
となる.u が Ω で偏微分方程式を満たすことは容易.Ω が正方形のとき,解 u は簡単に表現できない.級数を使うと,
$$u(x, y) = \frac{64}{\pi^4} \sum_{m,n=1}^{+\infty} \left\{ \frac{(-1)^{m+n}}{\{(2m-1)^2 + (2n-1)^2\}(2m-1)(2n-1)} \right.$$
$$\left. \times \cos\left(m - \frac{1}{2}\right)\pi x \, \cos\left(n - \frac{1}{2}\right)\pi y \right\}$$
と書ける.

1.2 $\Pi 1, \Pi x, \cdots, \Pi y^2$ を計算する.2次多項式が再現される条件は $a = c = 0$.

1.3
$$u(x, t) = \sin\frac{2k+1}{2}\pi x \, \exp\left\{-\left(\frac{2k+1}{2}\pi\right)^2 t\right\}$$
である.
$$\sin\frac{\pi(2k+1)}{4N} = \frac{\pi(2k+1)h}{4} + \mathrm{O}(h^3)$$
を使う.

1.4 $\lambda = \tau/h^2$ とおくと,
$$u_j^{n+1} = \lambda\left(1 + \frac{b_j^n h}{2}\right)u_{j-1}^n + (1 - 2\lambda)u_j^n + \lambda\left(1 - \frac{b_j^n h}{2}\right)u_{j+1}^n$$
となる.仮定の下で,右辺の係数は非負で,その和は 1 であることを使う.風上近似のときも同様.

1.5 (2) $\theta_k = 2\pi hk$, $\lambda = \tau/h$ として,
$$g(k) = 1 - c\lambda(1 - \cos\theta_k) - \mathrm{i}c\lambda\sin\theta_k.$$
(3) $g(k)$ は複素平面上で中心 $1 - c\lambda$, 半径 $c\lambda$ の円周上にあることを使う.

第 2 章

2.1 定義から, 重心座標 λ_1 は, 1 次多項式で,
$$\lambda_1(P_i) = 1, \quad \lambda_1(P_j) = \lambda_1(P_k) = 0$$
を満たすものとして特徴付けられる. F^{-1} は 1 次多項式であり,
$$(F^{-1}(P_i))_1 = (\hat{P}_1)_1 = 1$$
などから, この特徴付けを満たしていることを使う. $\lambda_1(x_1, x_2) = 1, \lambda_1(x_1, x_2) = 0$ などの軌跡を考える.

2.2 $\hat{\phi}_i(\hat{x}_1, \hat{x}_2) = 1/2$ の軌跡を考える. $\hat{\phi}_1, \hat{\phi}_4$ 以外の基底関数は, 添字をサイクリックに付ければ得られる. ϕ_i が要素境界で連続であることを示す. $e_j, j = 1, 2,$ を γ を共通辺として持つ隣接要素とする. $\psi_j, j = 1, 2,$ を e_j から決まる ϕ_i の γ での値とする. ψ_j は γ 上の線素に関して 2 次式で, 3 点で一致することから, $\psi_1 \equiv \psi_2$ である.

2.3 $j \in \mathbf{N}_0, r \in [0, +\infty]$ とするとき,
$$|v|_{j,r,e} \sim h^{\frac{m}{r} - j} |\hat{v}|_{j,r,\hat{e}} \quad (v \in W^{j,r}(e))$$
と,
$$|\hat{v}|_{\ell,q,\hat{e}} \leqq c\|\hat{v}\|_{k+1,p,\hat{e}} \quad (\hat{v} \in W^{k+1,p}(\hat{e}))$$
が成立することを使う.

2.4 $\phi_{i(\ell)} = \lambda_\ell, \ell = j, k,$ を使えば明らか. 重心座標に関する積分公式は, 要素 e 上の積分を参照単体 $\hat{e}$ 上の積分に移して証明する.

2.5 存在: $u_0 = u - w$ とおくと, $u_0 \in V$ であり,
$$a(u_0, v) = \langle f_0, v \rangle \quad (\forall v \in V)$$
を満たす. ただし, $\langle f_0, v \rangle = \langle f, v \rangle - a(w, v)$ である. Lax-Milgram の定理を使う. 一意性: 2 つの解 u_1, u_2 があるとすると, $u_1 - u_2 \in V$ である. a が V で強圧的であることを使う. 誤差評価: v_h を $V_h(g)$ の任意の関数とする.
$$\|u - u_h\| \leqq \|u - v_h\| + \|u_h - v_h\|$$
と, $u_h - v_h \in V_h$ を使って証明する.

2.6 安定性不等式から,

$$\|u_h\| \le \frac{1}{\alpha} \sup_{v_h \in V_h} \frac{a(u_h, v_h)}{\|v_h\|} \quad (\forall u_h \in V_h)$$

が成立する．解の一意存在：問題 (P_h) は連立一次方程式なので，$f=0$ から $u_h=0$ を示せばよい．これは，上の不等式からでる．誤差評価：問題 2.5 の解答のように変形する．$u_h - v_h$ の評価に上の不等式を用いる．

第 3 章

3.1 $\dfrac{\partial}{\partial n} = \dfrac{\partial}{\partial r}$ と $r = |x|$ を使う．

3.2 $v \in V$ を任意の関数とする．任意の定数 q に対して，

$$\|v\|_{0,2,\Omega}^2 = \int_\Omega v(v-q)\mathrm{d}x \le \|v\|_{0,2,\Omega}\|v-q\|_{1,2,\Omega}$$

が成立する．この後，補題 2.8 を使う．

3.3 $m=2$ のとき．v_i について考える．$x_* = (0,0)$, $n=(0,1)$, $x=(0,\eta)$ としても一般性を失わない．このとき，x_* で $t=0$ になるように Γ にパラメータ t を導入する．Γ 上の点 y とそこでの法線 n は $t=0$ の近傍で

$$y = (t, ct^2 + \mathrm{O}(t^3))$$
$$n = \frac{1}{\sqrt{1 + 4c^2 t^2 + \mathrm{O}(t^3)}}(2ct + \mathrm{O}(t^2),\ -1 + 2c^2 t^2 + \mathrm{O}(t^3))$$

と書ける．ここに，c はある実数である．さらに，

$$\frac{\partial E}{\partial n_x}(x-y) = \frac{1}{2\pi}\frac{\eta + \mathrm{O}(t^2)}{t^2 + (\eta + \mathrm{O}(t^2))^2}, \quad \frac{\partial E}{\partial n_x}(x_* - y) = \frac{1}{2\pi}\frac{c + \mathrm{O}(t)}{1 + \mathrm{O}(t^2)}$$

となることを使い，t に関する積分を評価する．$m=3$ のときも同様．

第 4 章

4.1 作用素ノルムの定義に戻って，$V_h \subset V$, $Q_h \subset Q$ を使う．

4.2 積空間 X の内積，連続双一次形式，連続一次形式を定義に戻って順次調べる．

4.3 両方の問題の解が一致することを示す．$\mathcal{A}$ が同型写像であることは，定理 4.3 の結果に他ならない．$\mathcal{A}$ が下限上限条件を満たすことは，(4.11) から従う．

欧文索引

θ 法　11, 70
Banach の定理　112
Cauchy 列　112
Courant-Friedrichs-Lewy の条件　31
Crank-Nicolson 法　11, 70
Galerkin 法　52
Gerschgorin の定理　4
Hermite 3 次要素　130
Hermite 補間　129
Hermite 要素　130
Hölder 連続　40
Lagrange 乗数　119

Lagrange 補間　129
Lagrange 要素　129
Laplace 作用素　1
Laplace 方程式　22
Poisson 方程式　1, 42
Rellich-Kondrachov の定理　41
Ritz-Galerkin 法　52
Sobolev 空間　36
Sobolev の埋蔵定理　41
Stokes 方程式　120
von Neumann の条件　15

和文索引

ア 行

アフィン写像　56
アフィン同等有限要素分割　56
安定　13
　——条件　16
　条件付き——　16
　無条件——　16
安定性　7
安定性不等式　93
鞍点型変分原理　119
鞍点問題　118
一次形式　46
一様正則　79
移動作用素　13

カ 行

核　114
下限上限条件　114
風上近似　30
可分　35
完備化　112
基底関数　51
基本解　97
逆不等式　71
強圧的　47
境界条件　10
境界積分方程式　99
境界要素法　95, 100
共役な問題　65
局所可積分　36
許容関数　51

グリッドジェネレーション　132
格子点　2
後退 Euler 法　11, 70
混合型有限要素近似　122

サ 行

最小角条件　56
最小型変分原理　51
最小化問題　50
最大値の原理
　　Laplace 方程式に対する――　23
　　熱方程式に対する――　26
差分法　1, 2
差分方程式　3
三角形 1 次要素　57
三角形 2 次要素　92
参照単体　56
四角形 1 次要素　129
四角形 2 次要素　129
自然境界条件　44
弱形式　43
弱収束　34
重心座標　86
重心領域　86
収束性　7
集中質量近似　87
商空間　35
上流近似　30
初期条件　10
初期値境界値問題　10
初期値問題　15
正則　55, 66
線形作用素　34
線形汎関数　46
前進 Euler 法　11, 70
選点法　100
双一次形式　46
双一次補間　8

双対空間　34
双対作用素　114
双対積　34
増幅係数　13

タ 行

台　36
対称　50
値域定理　112
調和関数　22
適合性　5
転置作用素　114
同型写像　112
トレース作用素　38

ナ，ハ 行

熱方程式　10
汎関数　50
汎弱収束　34
変分問題　47
補間作用素　58
本質的境界条件　44

マ，ヤ 行

埋蔵　40
　　コンパクトに――　40
有限要素法　33
要素　55

ラ 行

離散最大値の原理
　　Laplace 方程式に対する――　23
　　熱方程式に対する――　26
離散問題　3
連続　47
連続線形作用素　34
連続問題　2

■岩波オンデマンドブックス■

偏微分方程式の数値解析

| | 2010 年 12 月 21 日　第 1 刷発行 |
| 2012 年 9 月 5 日　第 2 刷発行 |
| 2018 年 6 月 12 日　オンデマンド版発行 |

著 者　田端正久(たばたまさひさ)

発行者　岡本　厚

発行所　株式会社　岩波書店
　　　　〒101-8002　東京都千代田区一ツ橋 2-5-5
　　　　電話案内　03-5210-4000
　　　　http://www.iwanami.co.jp/

印刷／製本・法令印刷

© Masahisa Tabata 2018
ISBN 978-4-00-730771-3　　Printed in Japan